房产测绘

侯方国　时东玉　王建设　编著

黄河水利出版社

图书在版编目(CIP)数据

房产测绘/侯方国,时东玉,王建设编著.—郑州:黄河水利出版社,2007.9(2014.2 重印)

ISBN 978-7-80734-276-2

Ⅰ.房… Ⅱ.①侯… ②时… ③王… Ⅲ.房地产-建筑测量 Ⅳ.TU198

中国版本图书馆 CIP 数据核字(2007)第 139715 号

出 版 社:黄河水利出版社

地址:河南省郑州市顺河路黄委会综合楼 14 层　　邮政编码:450003

发行单位:黄河水利出版社

发行部电话:0371-66026940、66020550、66028024、66022620(传真)

E-mail:hhslcbs@126.com

承印单位:河南地质彩色印刷厂

开本:787 mm×1 092 mm　1/16

印张:9.125

字数:210 千字　　印数:3 101—6 100

版次:2007 年 9 月第 1 版　　印次:2014 年 2 月第 2 次印刷

书号:ISBN 978-7-80734-276-2/TU·85　　定价:22.00 元

前　言

随着我国经济的快速增长，房地产业迅猛发展，已成为我国经济的支柱产业，备受社会各界重视和关注，直接关系到每个人的切身利益。因而，对房地产的产权产籍管理、房地产测量的准确性都提出了更高的要求。

本教材是为中等职业教育测绘类专业“2+1”模式下的教材和课程改革而做的有益探索，力求重点突出，简明扼要，概念清楚，突出实用性。本教材在编写过程中依据国家标准《房产测量规范》(GB/T 17986.2—2000)，参考了大量资料，在教学实践基础上总结提高编写而成。通过调研和吸取兄弟院校的经验，使其更加条理化和实用性。本教材在内容的选择及结构顺序上，既能满足当前房地产测量工作的需要，又考虑到了未来新技术条件下的工作需要。本教材适用于中职“2+1”模式下测绘专业，也可作为其他类型学校相关专业教学参考书。

本书共分九章：第一章为房地产基本概念；第二章介绍房产调查的内容、方法和技术要求；第三章为房产平面控制测量的技术方法，并简要介绍了 GPS 测量方法；第四章为房产要素测量，主要介绍了房产要素的测量方法、技术要求；第五章详细介绍了房产图的测绘内容及成图方法；第六章详细介绍了房屋建筑面积的计算方法及面积分摊的方法；第七章为数字房产测绘的基本理论；第八章为房产变更测量的方法及技术要求；第九章为房产测绘成果资料的管理。最后，附录一为本书中涉及到的各种房屋附属结构的名词解释；附录二为房屋面积测绘技术报告的格式，便于学生掌握学习。

本书由侯方国高级讲师主编并负责本书的统稿。第一、二、六章由侯方国编写；第三、四、五章由时东玉讲师编写；第七、八、九章由王建设老师编写。

由于编者水平有限，书中不足之处在所难免，恳切希望读者提出意见并指正。

编　者

2007 年 8 月

目 录

第一章　绪　论

房地产业在我国是一个新兴的行业，现已渗透到社会生活的各个方面，成为当前社会消费的热点和国民经济新的增长点，是国民经济健康、稳定、协调发展的重要影响方面。因此，房地产经济也成为新的研究方向，而房产测绘正是重要的房地产信息获取的技术手段之一。

第一节　房地产概述

一、房地产概念

房地产是房产与地产的总称。具体来说，它包括土地、建筑物及固着于土地、建筑物上不可分离的部分，如树木和水、电、卫生、通风设备等。由于固着于土地、建筑物上不可分离的部分，往往可以看做土地或建筑物的构成部分，因此房地产本质上包括土地和建筑物两大部分。

作为地产的土地并不仅指地面，还包括从地面向上扩展到一定高度的地上空间及由此向下延伸的地下空间。但实际上在此空间中土地的使用受到多方制约，如政府对建筑高度和建筑密度的限制。另外，地下埋藏物，如地下矿藏及地下文物等，其权属是否属于土地所有者或使用者，世界各国规定不一。我国及欧洲多数国家规定地下资源属于政府所有。相反，在美国土地所有者享有地下的一切财富，可以自由开采地下资源，或将之出售给别人。从本质上讲，土地与地产不是一个概念。土地是地球表面的一个特定区域。其涵义包括横向和纵向两方面，横向包括内陆水域、滩涂和岛屿；纵向包括地面上下一定高度和深度的岩石、矿藏、土壤、水文、大气和植被等要素，以及人类活动参与影响而形成的自然·经济综合体。土地在投入了人类劳动后就具备了“双重性”，既是资源，又是资本。而地产是土地转化的形态，只有当土地作为产权和资产在商品经济活动中体现其全部价值时，才成为地产。因此，地产是指法律上认可的土地资产和产权的总称。既包括土地实物本身，又包括与之相关的各种权利。

地上的建筑物可分为两大类，即房屋和构筑物。房屋是指能供人们居住生活或生产的建筑物，一般由门窗、顶盖、墙体和承重物构成。构筑物则是除房屋之外的建筑，人们一般不能直接在内进行生产或生活，但又时刻离不开它们，如桥梁、道路、大坝、水塔等。而房产则是指法律上认可的房屋及相关的各种权利。

房地产(real property)有时也称为不动产。通常，房地产有广义和狭义之分，广义的房地产就是不动产；狭义的房地产是指房屋与土地的合称。我国法律对其还没有明确的规定，一般都将之看做房屋与土地的合称。不动产是指土地及其定着物。所谓定着物指依附于土地且不可分离的物体。从严格意义上讲，房地产不同于不动产，后者的范围更广,如机场、铁路、大坝等,一般情况下二者可通用。

二、房地产类型

房地产是由土地及其之上房屋结合而成,其不同的组合就构成不同类型的房地产。根据土地利用方式的不同可将房地产分成以下几种类型。

(一)工业房地产

工业房地产(industrial property)主要是由用于工业生产的土地及其定着物组成的。它由三部分组成,即土地、土地改良物和地上房屋及附属物。土地改良物为道路、管道、电路、供气等,它们决定了工业生产的潜力和效率,对工业房地产价格影响较大。地上房屋及附属物是指同房屋密切结合、不易分割的部分,而同房屋关系较松散的机器设备则不属房地产的组成部分。

(二)商业房地产

商业房地产(commercial property)主要由用于商业的土地及其定着物组成。商业房地产也由土地、土地改良物、地上房屋及附属物组成。其中土地改良物主要是道路、水电气管线等,但道路、区域位置起着更重要的作用;地上房屋则更注重建筑形式和外部装修,而直接用于商业活动的可分离的如柜台等则不属于其组成部分。

(三)住宅

住宅(residential property)是由以服务于人类居住为目的的土地和建筑物组成的。住宅按其房屋式样又可分为别墅(villa)、一般住宅(house)、公寓(apartment)等。

(四)特殊房地产

特殊房地产包括两种类型:一是历史文化建筑和政府、宗教、监狱等所拥有的房地产;另一种是部队营房。由于我国的法律规定,这些房地产是不允许进入市场的。

三、房地产属性

房地产是由土地和房屋组成的,也就具备二者的属性,同时,它处于广泛的社会生活关系中,是社会、经济、政治的交织点,因而具有以下属性。

(一)房地产的商品属性

房地产同其他商品一样,也可以交易、占有、处分,通过价格机制实现交换。但是房地产又不同于一般商品,首先房地产具有不可移动性,固着于土地上,由此派生出房地产的个别性,即世界上没有两宗房地产是完全相同的。其次房地产又具有保值、增值性。城市化水平的提高促使人口不断增加,城市空间的扩展导致土地紧缺,使房地产出现供不应求,所以房地产价格是不断上涨的。最后,房地产易受政策限制和经济、规划等的影响。政府基于公共利益的需要可对房地产作出诸如用途、容积率、建筑密度等的限制;同时经济发展的速度、国内国际经济环境也对房地产带来影响,从而使房地产又具备高风险性。

(二)房地产的财产属性

房地产的价值量大,在社会生活中占有举足轻重的地位。例如美国3/4的财富是房地产,英国1/3的财富是房地产。正是由于其价值高,它也是一些企业进行资本经营、融资的重要手段,亦是政府征税的主要标的。

(三)房地产的投资属性

由于房地产价值量大,又具有保值、增值性,所以房地产成为一种重要的投资品。但由于我国房地产市场还不完善,其投资属性刚刚显化,必须在政府引导下,加强宏观调控,警惕利用房地产进行投机行为。

(四)房地产的社会、政治属性

房地产在一定情况下,又是社会政治问题,关系到社会稳定和经济的健康发展。在城市生活中,住房问题是社会普遍关心的问题,是衡量一个社会生活水平和社会保障状况的重要方面,因此如何妥善地解决好住房问题,关系到社会稳定。房地产可以带动相关产业,如建材、建筑、木材、化工等行业,还可以促进社会就业,解决下岗失业问题,成为拉动经济增长的亮点。

四、房地产业在国民经济中的地位和作用

(一)房地产业是城市社会经济发展的物质基础

城市的四大基本功能和经济活动都离不开房屋和土地。工业、商业和其他各行业都需要房屋与开发好的可使用的土地来作为生产经营的活动场所。城市各部分的经济联系和社会交往要依靠地上地下的交通道路、管道、电缆等城市基础设施。所以,没有房地产,城市的生产生活就无法进行。

我国的房地产业为社会积累了巨大的财富。根据1985年全国房屋普查数据,全国城镇房屋建筑面积达46.76亿m^2。到1992年已近60亿m^2,全国城市建成区面积达1.34万km^2。按保守的价格估算,全国城镇已形成的房地产总值已达38 200亿元。这是我国城镇的重要物质基础。

在许多发达国家和地区,房地产业的地位更突出,甚至成为国民经济的重要支柱。例如英国的不动产价值约占其总财富的3/4;日本1973年全部土地的市场价格累计为206万亿日元,相当于1972年国民生产总值的3.22倍。据联合国统计,各国用于建造房屋的投资所创造的固定资产,一般占同年固定资产总值的50%以上。

(二)房地产业的发展为国家财政收入开辟了重要来源

作为国民经济的重要支柱,房地产业一向是财政收入和建设资金的重要保障,商品经济发达的国家和地区,房地产业经营收入一般可占政府财政收入的10%~40%。如美国用于房地产的税1960年达120亿美元,1971年达6950亿美元,1986年房地产税已占地方政府税收的14.3%。香港每年在土地上直接和间接税收约为财政税收的25%。日本1985年房地产业净产值占国内总净产值的8%,高于同期金融、保险业(占5%)的水平。

我国房地产业起步较晚,近年随着土地使用制度和住房制度的改革,房地产业已开始为国家积累了资金。以地产业为例,1992年全国仅收取土地出让金就达520亿元,目前国家收取的城镇土地使用税每年都超过30亿元。随着有偿出让土地比例的不断上升,房地产市场的不断完善,房地产业将会给国家创造更多的财政收入。

(三)房地产业能促进和带动相关产业的发展

房地产业能直接或间接地引导和影响相关产业的发展。据一些工业发达国家的统计,房地产业的产值每增加1,就能使相关产业产值增加1.5~2。在我国,每增加1亿元

的住宅投资,其他相关产业就相应增加 1.48 亿元的投入,还不包括由于居住条件改善而引起的家具、装饰等行业的增加。

(四)房地产业可以促进旧城区的改造,完善城市功能

我国大部分城市旧城区目前都面临着人口稠密、交通拥挤、住房陈旧、基础设施不完善、环境质量较差等问题,亟待改造,但因资金不足,长期无法改造。现在房地产进入市场后,其潜在价值被开发出来,解决了资金不足的问题。同时,还可运用土地出让金进行改善城市基础设施,如拓宽道路、修建城市供电、供水、供热及排污网络,对城市的功能及布局都起到了推进作用。

第二节 房产测绘

房地产是人民生产、生活的基本物质要素,是城市管理的重要基础。而房地产测绘是获取房地产信息的重要技术手段,是研究房地产测绘的基本理论、仪器和方法的应用技术。房地产测绘与城市地形测量有相同之处,但由于服务对象不同,内容和要求又有所不同。

一、房产测绘的概念

房产测绘是采集和表述房屋及房屋用地有关信息的一门技术,主要是测定和调查房屋及其用地状况,为房产产权、地籍管理、房地产开发利用、交易、征收税费以及为城镇规划建设等提供数据和资料。

房产测绘与地籍测绘既有密切联系,又各有侧重点,前者属于城市房地产管理体系,而后者隶属于国土资源管理体系。地籍测绘的主要任务是调查和测定土地及其地上附着物的界线、位置、数量、等级、权属和利用状况等基本情况的测绘工作,侧重于土地资源管理、开发、利用、保护和产权产籍管理服务。在房产测绘之前必须先进行地籍调查,在用地界线明确的基础上,进行界址点测量,并用特定符号表示于房产图上;房产测绘是将与房屋有关的信息采集并处理后表示在图纸或其他载体上。

二、房产测绘的目的和任务

房屋是人们生产和生活的场所,房屋及其用地是社会生活的基本物质要素,这一要素信息的采集和表述,必须经过房产测绘,所以房产测绘是房地产管理工作的重要基础。准确而完整的房产测绘成果是审查确认房屋产权、产籍的重要依据,也是发展房地产业、进行城市建设和管理的必不可少的基础资料。

房产测绘的目的和任务就是对房屋及房屋相关的建筑物、构筑物和房屋用地进行测量和调查工作,获取房地产的权属、位置、数量、质量、利用状况等信息,为房地产管理,尤其是为房屋产权、产籍管理提供准确而可靠的成果资料;同时,为城市规划、城市建设(如基础设施、地下管网、通信线路、环境保护)等提供基础数据和资料。

三、房产测绘的基本内容和作业过程

（一）房产测绘的基本内容

1.房产平面控制测量

房产测绘的第一步就是在测区建立一个高精度的、有一定密度的、可以长期使用的覆盖全区的平面控制网。这是保证房产测量成果质量的基础。平面控制点可以利用已有的符合房产测量规范精度要求的现有成果，必要时也可自行布设房产平面控制网，不论哪一种布设形式，均应按现行《房产测量规范》的规定和要求进行检核。

2.房产调查

房产调查包括房屋调查和房屋用地调查，其目的是查清房屋及用地的位置、权属、界线、数量、用途以及地理名称和行政境界，按《房产测量规范》的要求，逐项调查落实，并现场记录，填写调查表。它是进行产权登记的基本素材。

3.房产要素测量

房产要素测量的目的是测定房屋和房屋用地及其相关要素的几何位置，包括坐标和边长。主要要素有界址点和界址线、房角点和房屋轮廓线，以及房屋的附属设施和围护物的几何位置或相关数据，还有铁路、公路、街道、水域及相关地物的位置测量，有时还要进行行政境界线的测量。

4.房产图绘制

房产图是房产测绘的主要成果之一，使用频率较高，是城市管理中非常重要的基础数据资料。根据《房产测量规范》的规定和要求，本教材重点讨论了房产图绘制的基本理论和作业方法。

5.房产面积测算

房产面积测算是房产测绘的特点和重要内容之一。测算的对象包括房屋面积和房屋用地面积。后者多用界址点坐标计算面积，而前者通常用房产调查时实量的边长计算面积。在工序上，它通常是测图的后期工作，通过面积量算、注记、列表、整理等，提供精确的房产信息数据，便于房地产管理的实施。

6.房产变更测量

由于城市现状的不断变更，房屋和房屋用地的产权也会经常转移，因此从房产测量开始之日起，就可能产生变更测量。房产变更测量也是房产测绘部门的一项经常性的工作。通过对发生变更的房屋及房屋用地的属性及时地用最新的数据替换，以保证房产信息数据的实时性、准确性和可靠性。

7.房产成果资料的检查与验收

房产成果资料的检查与验收工作是房产测绘的最后一道工序，也是保证房产成果资料质量的最后一道关口。其目的是，使提交的成果资料符合规范、图式要求，和其他工序要求，便于控制成果的使用和保存，同时也是为房产产权登记提供准确可靠的数据。

（二）房产测绘的作业过程

房产测绘的流程如图1-1所示。

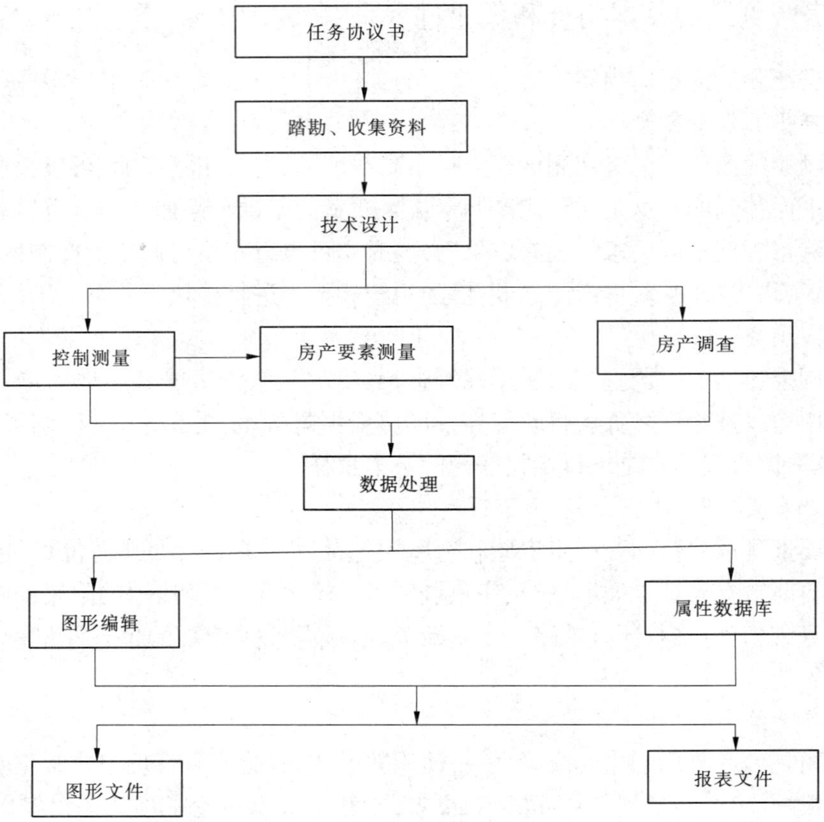

图 1-1　房产测绘作业流程框图

四、房产测绘的特点

房产测绘与普通的测量有较大的差别，与地形测量、工程测量区别更大。其主要表现在以下几方面：

(1)测图比例尺大。房产测绘一般在城市和城镇内进行，图上表示的内容较多，有关权属界线等房地产要素，都必须清晰准确地注记，因此房产分幅图的比例尺都比较大。作为我国最大比例尺系列的图纸一般都是1∶500或1∶1 000；分丘图和分层分户平面图的比例尺更大，1∶50有时也有，表示的内容更细。

(2)测绘内容上与地形测量的差别。地形测量的主要对象是地貌和地物，而房产测绘的主要对象是房屋和房屋用地的位置、权属、质量、数量、用途等状况，以及与房产权属有关的地形要素。房产测量对房屋及其用地必须测定位置(定位)，调查其所有权或使用权的性质(定性)，测定其范围和界线(定界)，还要测算其面积(定量)，调查测定评估其质量(定质)和价值(定价)。地形测量没有如此广的任务。房产图一般对高程不作要求，而地形测量不但要高程，而且还要用等高线表示地貌。

(3)测绘成果效力的差别。房产测绘成果产品多样，其成果被房产管理行政机关确认，便具有法律效力。它是产权确认、处理产权纠纷的依据，而一般测量的成果不具备法律作用。

(4)测绘成果产品的差别。房产测绘的成果产品不仅有房产图,还有房产权属、产籍调查表、界址点成果表、面积测算表。图也有几种,即有分幅图,更多的是分丘图、分层分户图。地形测量只有分幅图,所以房产测绘最后的产品,在数量上、规格上比地形测量繁杂得多。且房产图在一般的情况下只是单色图,不大量印刷,地形图可用多色,可以大量出版印刷。

(5)精度要求不同。地形图上的要素成果,用者一般可从图上索取或量取,其点位中误差在(±0.5~0.6)mm以内,这个精度可以满足城市规划对地物精度的要求。但房产测绘不能按此来源,例如界址点的坐标,房屋的建筑面积的量算精度要求比较高,不能直接从图上量取,而必须实测、实算。

(6)修测、补测、变更测量及时。城市基本地形图的复测周期一般5~10年,而房地产测绘的复测周期不能按几年来测算,城市的扩大要求及时对房屋、土地进行补测,对房屋和用地特别是权属发生变化时也应及时修测,对房屋和用地的非权属变化也要及时变更,以保持房地产测绘成果的现势性、准确性,保持图、卡、表册与实地情况一致。所以房地产测绘成果要及时修测、补测或变更测绘。

(7)房地产测绘人员既要懂测绘知识,也要了解房地产相关知识。房地产测绘的另一大特点就是,从事这一工作的人员不仅要熟练掌握测绘技术、测绘业务,运用各种测绘方法得心应手,还要掌握房地产的业务知识。作为一个称职的房地产测绘工作者,应是房地产这一门学科的好手,应是房地产权属管理的帮手,应是房屋交易买卖中的鉴证者,必须熟悉房地产的若干法律、法规,必须正确测算房屋面积,保护双方的合法利益,否则,就做不好房地产测绘工作。这也是房地产测绘区别于其他测绘的特点之一。

五、房产测绘的作用

房产测绘是随着我国房地产业的发展而兴盛起来的,主要是为房地产的各种管理服务的,同样也为城市其他方面的管理服务。因此,房产测绘成果的作用归纳起来主要有以下几个方面。

(一)法律方面的作用

房产测绘为房地产的产权、产籍、房地产的开发、交易等管理提供房屋和房屋用地的权属界线、权属界址点、房地产面积、各种产别以及有关权属、权源、产权纠纷等数据、图卡、表、册资料。这些房产测绘成果,经过检查验收,由房地产行政管理部门对测绘成果的适用性、界址点准确性、面积测算依据与方法等内容进行审核,审核后方可用房地产管理。检查合格后的房产测绘成果即是进行产权登记、产权转移和产权纠纷的依据。房产测绘成果具有法律效力。

(二)财政经济方面的作用

房产测绘的成果包括房产的各种数据、数量、质量及使用和被利用的现状等资料,是进行房地产价格评估、房地产契税的征收、房地产开发、交易的主要依据,也是进行房地产抵押贷款、房地产保险服务不可缺少的依据。

(三)社会服务、决策参考方面的作用

测绘调查后的成果,经过统计整理之后,可以派生出很多不可多得的资料,例如它可统计出一个城市与地区的房屋的总数量、总质量、人均建筑面积、人均使用面积、住宅的数量、质量、所有权、使用权情况、发展速度等。这些资料无疑会给城市的整体建设布局、住房制度的改革、老城区的改造、危旧房屋的改造等提供决策依据,也为城镇规划、市政工程、公用事业、环保、绿化、社会治安、文教卫生、水利、旅游、地下管网、通信、电、气等提供基础资料和有关信息。它的服务具有广泛性。

六、房产测绘成果

为适应建立房地产数据库和房地产信息系统的需求,把房产测绘成果按三大类加以归类和整理,即房产簿册、房产数据集和房产图集。

(1)房产簿册,包括房产调查表、房屋用地调查表、有关产权状况的调查资料和证明及协议文件。

(2)房产数据集,包括房产平面控制点成果表、界址点成果表、房角点成果表、面积测算成果表。

(3)房产图集,包括房产分幅图、分丘图、分层分户图、房产证附图、房屋测量草图、房屋用地测量草图等。

第三节　房产测绘的发展

我国是一个有着五千多年历史的文明古国。从奴隶制社会夏朝开始,土地测量和房屋测量就开始了。有个叫有巢氏的人,传说就是他发明了房屋。可以推断,房屋的大小、房屋的归属有了着落,这就是房地产测量的开始。历史发展到了奴隶制向封建社会转换的商周时期,就有了井田制,而且建立了“九一而助”的管理制度。土地测量(也含计量)计算就有“六尺为一步,百步围成一亩,百亩为一夫,夫三为屋,屋三为井,井方一里,是为九夫,八家共之”。这就是房地产测量最原始的记录,前面含有土地测量,后面就与房屋与家庭有关了。到了战国时的秦孝公启用一个叫商鞅的宰相进行土地改革,实行“废井田,开阡陌”,奴隶制解体,封建制逐步形成,奴隶主的井田被道路冲开,逐渐形成了私田制,各是各的田,各是各的家。丈量各个封建领主的田地,成了当时不可缺少的一件大事,那时朝廷中设立有专门管这项工作的官吏。

隋、唐时期,我国普遍实行“均田制”,对当时的赋税、人口、土地进行统一登记,建立户籍制度。这时户籍的建立即含有房产测绘,地籍含附于户籍册内。宋代时,对土地实行“方田法”、“经界法”,进行统一清丈,逐户逐乡造地籍簿(当时叫“砧基簿”),按规定的格式记载户田数、质量及用途,土地的四至出现了,地块图出现了,起到了按图核地的目的。明代的“鱼鳞图”是中国比较标准的古代地籍图册。清王朝测制的《皇舆全览图》和《乾隆内府皇舆全图》则是很有一定水准的房地产图,它融建筑图、房产图、地籍图于一身,很有一些现代气派,而且它与清乾隆八年颁布的“丈量规则”、“铸铁标准弓(尺)”互为关系,把规划与图统一了起来,明确规定了 1 步×240 步为一亩。清代的房地产测量在我国历史上的发展达到了相当高的程度。

民国时期,政府专门成立地籍测量部门,颁发了《土地测量实施规则》,统一全国的土地测量工作,在上海、南京、重庆、武汉等大城市统一规格的地籍图已成规模。1932年,首次在我国江西省运用航空摄影测量方法施测地籍图,这些图纸在中华人民共和国成立后的若干年内都在发挥一定的作用。

1949年,新中国成立后,接收了国民党政府的地政管理部门。20世纪50年代初,我国在全国主要城市范围内开展了大规模房产土地登记工作,颁发了土地权状,这些土地权状就是房地产测绘的结果。几个大城市拥有了一定规模的房地产测量队伍,从事着房地产登记发证和房地产测绘统计调查工作。从那以后,由于种种原因,全国的房产和地籍测量没有得到足够的重视。除少数几个大城市外,房地产测绘在我国范围内发展较慢。

1984年底,建设部决定在全国城镇范围内进行第一次房屋普查,经过近两年普查,一大批城市的房地产管理部门纷纷成立了自己的房地产测绘队伍,从事着房地产测绘工作。1987年,乘第一次全国城镇房屋普查的东风,又在全国范围内进行房地产登记发证工作。房地产测绘已经成为房地产管理不可缺少的工作,日益发挥着巨大的作用。建设部房地产业司主管这一工作后,房地产测绘有了较快的发展,南京、西安、广州、北京、重庆、武汉、上海、深圳、郑州、珠海、牡丹江等大中城市纷纷组建房地产测绘机构。全国拥有甲级、乙级资格的房产测绘队伍近20家。1991年,第一部《房产测量规范》(行业标准)正式出台,标志着全国房地产测绘标准的统一。1992年,全国房地产测绘的群众学术团体——中国房地产及住宅研究会房地产地籍测量委员会在珠海正式成立,全国房地产测绘行业有了自己的学术组织机构。2000年2月,国家颁布了《房产测量规范》(GB/T 17986.2—2000),房地产测绘工作逐步走向规范化的道路。

随着我国经济体制改革的深入,《城市房地产管理法》的实施,房地产测绘管理工作蓬勃发展,作用日益增大,一大批房地产测绘工程师和房地产测绘管理人员成长起来,数字成图、GPS全球定位测量系统、电子平板测图系统,多种先进的方法测制房地产图在全国房地产系统得到应用。但是,由于我国的房地产测量工作起步较晚,市场化程度较低,因此探索、研究、思考建立适合我国国情的房地产测绘管理体系,规范房地产测绘行为,培育和发展房地产测绘市场,建立房地产测绘市场的竞争机制将是我国房地产管理部门的一项重要工作。

思考题

1.什么是房地产?有哪几种类型?

2.什么是房屋,由哪几部分组成?

3.房产测绘的目的是什么?

4.房产测绘的主要内容有哪些?

5.房产测绘的特点是什么?

6.房产测绘的成果有哪些?

第二章 房产调查

第一节 概 述

房产调查是近年来伴随着城市房地产业而兴起的，为城市公共管理提供重要基础数据，并为房屋产权归属、产权登记、产权产籍管理提供可靠的基础资料。由此，房产调查是一项十分细致而又严肃的工作，同时也是一项准确性、技术性要求都很高的调查工作。

一、房产调查的基本概念

房产调查的对象是房屋及房屋用地，主要是调查房屋及其用地的位置、权属、权界、数量和利用状况等基本情况，以及地理名称、行政境界和政府机构名称、大的企事业单位名称的调注。其目的是获取房产要素资料，通过确权审查、定质定量，认定房屋及其用地产权归属，并建立房产测绘基础资料，为城市房地产管理提供服务。

房产调查的内容包括：房屋用地权界即丘界的调查、房屋权属状况调查、房产数量及利用状况调查与示意图的绘制、地理名称和行政境界调查。

二、房产调查的方法

房产调查是一项极其细致而又严肃的工作。房产调查资料是房产测绘成果的重要内容，而房产测绘成果经过确权、登记、发证后便具有法律效力。因此，在组织管理上，房产调查必须在当地房地产管理部门的领导下进行，会同房屋权属主和房屋相邻权属主等有关人员，到现场指认界址。各方认可后，在权属调查表上签字盖章方有效。房产调查一般应经过政府公告、资料准备、实地调查、确权定界、成果整理五个阶段。调查人员应熟练掌握房地产法规、政策、办法以及了解调查的程序，在房产调查工作中广泛收集包括测绘、土地划拨、房屋批建、房地产等级评估、标准地名及房地产产权产籍等有关资料，可以采取“先阅后查”的办法进行。

所谓“先阅”，即是在实施房产调查前，就对房产权属单元的有关权属文件，结合产籍档案按房地产法规、政策、办法等对照审阅，其根本目的在于明确其权属是否合法属实。如资料不全，应及时通知权利人补充有关权属证明文件；否则，如果在毫无准备的情况下，贸然直赴现场调查，往往会因过多权属纠纷或无从下手而影响调查工作的顺利开展，造成大量后续工作“尾巴”，同时也可能因权属调查时的偏听而给调查成果质量留下难以预料的隐患。

房产调查应在广泛审阅产权产籍资料后在现场进行调查。现场调查的基本原则，一是不允许将产权产籍资料原件带至现场，以防散失；二是调查者通常必须携带工作用图、房屋产权产籍资料、调查表、房屋用地调查表、其他房产调查用具等到现场；三是调查者应会同房地产各方权利人代表共同到现场指界认定，如果其中一方因故而不能到场，必要时应按法律程序完善委托代理手续；四是必须现场如实记录各权属单元房地产调查情况，对于房地产权属纠纷一并要客观记载，由上级主管部门调处，调查者不能越权仲裁。

房产调查应充分利用已有的地形图、地籍图、航摄像片及相关资料，按国家标准《房产测量规范》的要求，以权属单元为单位，逐项在实地调查。

三、房屋产权的一般概念

（一）公房

公房是指国有房屋和集体的房屋。国有房屋属全民房产，从法律意义上讲，它是全社会的财产，其所有权属于国家，具体经营单位不具有法律意义上的所有权。但在实际运作中，国家通过授权经营单位来管理和经营。

国有房屋的一部分由房地产行政管理部门直接管理，叫直管公房。另一部分是由国家授权的单位行使经营权，并承担对房地产管理部门的相应义务。

集体房屋为集体所有，集体中的任一成员虽对这些财产享有一定的份额，但不具备独立的产权法律地位。

我国公有房屋的形成和发展主要包括以下几个部分：

1949 年新中国成立时，通过对敌伪政权、军队、官僚资本主义的城市房地产的没收，收归人民政府管辖拨给单位使用的；

通过土改、镇压反革命，“三反”（反贪污、反浪费、反对官僚主义）和“五反”（反受贿、反偷税漏税、反盗窃国有财产、反偷工减料、反盗窃国家经济情报）运动，接管了一批反动不法分子在城市的房产，由政府管辖拨给单位使用的；

新中国成立初，对资本主义工商业进行社会主义改造的同时，通过没收、赎买、租赁等政策，使属于资本主义性质的私有房屋成为全民所有的房产；

新中国成立后，由国家投资兴建的房屋，包括住宅、工厂、学校、党政机关、企事业单位，这些构成了全民所有房产的很大一部分。

（二）私房

私房是指公民个人或数人共有的住宅和非住宅用房。我国的私房来源有以下几种：

新中国成立前，劳动人民靠劳动所得建造自住房屋，以后继续沿用的；

经济体制改革后，为了改善城市居民的居住条件，按国家政策个人建造的房屋，其形式有自筹自建、民建公助、互助互建、集资建房等；

公民个人按国家房改政策购买的房改房或商品房。

（三）住房制度改革

我国从 20 世纪 90 年代起，为改变过去住房分配的不公正，国务院决定推行住房制度改革，加快住房商品化进程，改住房实物分配为货币化分配。其措施主要有以成本价或标准价出售公有住房、多渠道集资建房及市场价购买商品房。在调查中，按国家房改政策购买的房屋称为房改房。

第二节　房屋调查

房屋是人们直接或辅助生产、生活、办公与学习的场所。房屋是指具有门窗、顶盖(屋面)、承重结构及围护墙体的建筑物。这四要素缺一不可。有些建筑物的顶盖如为石棉瓦、油毡纸等材料,即使其他三要素都齐全,也只能叫做简易房,不算房屋,也不是房屋调查对象。另外,借助高架桥(立交桥)的路面当做屋面的建筑物,也不是我们调查的对象。

房屋调查的主要内容包括房屋的坐落、产权人、使用人、产权性质、产别、层数、所在层数、建筑结构、建成年份、用途、建筑面积、占地面积、分摊面积、墙体归属、权源、产权纠纷及他项权利等,并绘出房屋权界线示意图。

一、基本情况

房屋的坐落是指房屋所在街道的名称和门牌号。房屋坐落在小的里弄、胡同或巷内时,应加注附近主要街道名称;缺门牌号时,应借用毗连房屋门牌号并加注东、南、西、北方位;当一幢房屋坐落在两个或有两个以上门牌号时,应全部注明;单元式的成套住宅,应加注单元号、室号或户号。

房屋产权人是指房屋所有权人的姓名。私人所有的房屋,一般按照产权证上的姓名注明;产权人已死亡的,应注明代理人的姓名;产权是共有的,应注明全体共有人姓名;房屋是典当或抵押的,应注明典当或抵押人姓名及典当或抵押情况;产权人已死亡又无代理人,产权归属不清或无主房地产,以“已亡”、“不清”、“无主”注记。没有产权证的私有房屋,其产权人应为依法建房或取得房屋的户主的户籍姓名,并应调查未办理产权的原因。单位所有的房屋,应注明具有法人资格的所有权单位的全称,不具备法人资格的单位不能作为房屋的所有权人。主管部门作为所有权人,但房地产为其下属单位实际使用,除注记主管部门全称外,还应注明实际使用房地产的单位全称。两个以上单位共有的房屋,所有权人应注明全体共有单位名称。房地产管理部门直接管理的房屋,包括公产、代管产、托管产和拨用产,产权人均应注明市一级市(县)政府房地产管理机关的全称。其中,代管产还应注明代管及原产权人姓名;托管产还应注明托管及委托人的姓名或单位名称;拨用产还应注明拨借单位名称。

房屋使用人是指实际使用房屋人的姓名。如产权人对房屋自主自用,则房屋使用人就是产权人本身;若产权人通过出租、代管、典当等合法途径转让他人使用,按实际情况说明。

房屋的产权性质是按照我国社会主义经济三种基本所有制的形式,对房屋产权人的房屋进行所有制分类,分为全民所有(国有)、集体所有和私人所有(私有)三类。此外,我国还有一部分外产和中外合资产,应按实际情况注明。

房屋建成年份是指实际竣工年份。拆除翻建的,以翻建竣工年份为准;有两种以上建筑年份的,应分别调查注明。

房屋的权源是指产权人取得房屋产权的时间和方式,如继承、新建、购买、交换、自建、征用、划拨、翻建、受赠等。

二、房屋产权类别

房屋产权类别是根据产权占有和管理不同而划分的类别，按两级分类，具体分类见表 2-1。

表 2-1　房屋产权类别分类标准

<table>
<tr><th colspan="2">一级分类</th><th colspan="2">二级分类</th><th rowspan="2">内　容</th></tr>
<tr><th>编号</th><th>名称</th><th>编号</th><th>名称</th></tr>
<tr><td rowspan="4">10</td><td>国有房产</td><td colspan="3">指归国家所有的房产。包括由政府接管、国家经租、收购、新建以及国有单位用自筹资金建设或购买的房产</td></tr>
<tr><td rowspan="3"></td><td>11</td><td>直管产</td><td>指由政府接管、国家经租、收购、新建、扩建的房产（房屋所有权已正式划拨给单位的除外），大多数由政府房地产管理部门直接管理、出租、维修，部分免租拨借给单位使用</td></tr>
<tr><td>12</td><td>自管产</td><td>指国家划拨给全民所有制单位所有以及全民所有制单位自筹资金购建的房产</td></tr>
<tr><td>13</td><td>军产</td><td>指中国人民解放军部队所有的房产。包括由国家划拨的房产、利用军费开支或军队自筹资金购建的房产</td></tr>
<tr><td>20</td><td>集体所有房产</td><td colspan="3">指城市集体所有制单位所有的房产，即集体所有制单位投资建造、购买的房产</td></tr>
<tr><td rowspan="2">30</td><td rowspan="2">私有房产</td><td colspan="3">指私人所有的房产。包括中国公民、港澳台胞、海外侨胞、在华外国侨民、外国人所投资建造、购买的房产，以及中国公民投资的私营企业（私营独资企业、私营合伙企业和私营有限责任公司）所投资建造、购买的房产</td></tr>
<tr><td>31</td><td>部分产权</td><td>指按照房改政策，职工个人以标准价购买的住房，拥有部分产权</td></tr>
<tr><td>40</td><td>联营企业房产</td><td colspan="3">指不同所有制性质的单位之间共同组成新的法人型经济实体所投资建造、购买的房产</td></tr>
<tr><td>50</td><td>股份制企业房产</td><td colspan="3">指股份制企业所投资建造购买的房产</td></tr>
<tr><td>60</td><td>港、澳、台投资房产</td><td colspan="3">指港、澳、台地区投资者以合资、合作或独资在大陆创办的企业所投资建造或购买的房产</td></tr>
<tr><td>70</td><td>涉外房产</td><td colspan="3">指中外合资经营企业、中外合作经营企业和外资企业、外国政府、社会团体、国际性机构所投资建造或购买的房产</td></tr>
<tr><td>80</td><td>其他房产</td><td colspan="3">凡不属于以上各类别的房屋都归在这一类。包括因所有权人不明，由政府房地产管理部门、全民所有制单位、军队代为管理的房屋以及宗教、寺庙等房屋</td></tr>
</table>

三、房屋建筑结构分类

房屋建筑结构是指根据房屋的梁、柱、墙及各种构架等主要承重结构的建筑材料划分的房屋结构，共分 6 种结构，具体分类情况如表 2-2 所示。当一幢房屋有两种以上结构时，应分别注明。

表 2-2　房屋结构分类标准

<table>
<tr><th colspan="2">类型</th><th rowspan="2">内　容</th></tr>
<tr><th>编号</th><th>名称</th></tr>
<tr><td>1</td><td>钢结构</td><td>承重的主要构件是用钢材建造的,包括悬索结构</td></tr>
<tr><td>2</td><td>钢、钢筋混凝土结构</td><td>承重的主要构件是用钢、钢筋混凝土建造的,如一幢房屋一部分用钢、钢筋混凝土构架建造</td></tr>
<tr><td>3</td><td>钢筋混凝土结构</td><td>承重的主要构件是用钢筋混凝土建造的。包括薄壳结构、大模板现浇结构及使用滑模、升板等建造的钢筋混凝土结构的建筑物</td></tr>
<tr><td>4</td><td>混合结构</td><td>承重的主要构件是用钢筋混凝土和砖木建造的。如一幢房屋的梁是用钢筋混凝土制成,以砖墙为承重墙,或者梁是用木材建造,柱是用钢筋混凝土建造的</td></tr>
<tr><td>5</td><td>砖木结构</td><td>承重的主要购件是用砖、木材建造的。如一幢房屋是木制房架、砖墙、木柱建造的</td></tr>
<tr><td>6</td><td>其他结构</td><td>凡不属于上述结构的房屋都归此类。如竹结构、砖拱结构、窑洞等</td></tr>
</table>

四、房屋用途分类

房屋用途是指房屋的实际用途,即房屋现在的使用状况。房屋用途按两级分类,一级8类,二级28类,具体分类见表2-3。当一幢房屋有两种以上用途时,应分别调查。

表 2-3　房屋用途分类标准

<table>
<tr><th colspan="2">一级分类</th><th colspan="2">二级分类</th><th rowspan="2">内　容</th></tr>
<tr><th>编号</th><th>名称</th><th>编号</th><th>名称</th></tr>
<tr><td rowspan="3">10</td><td rowspan="3">住宅</td><td>11</td><td>成套住宅</td><td>指由若干卧室、起居室、厨房、卫生间、室内走道或客厅等组成的供一户使用的房屋</td></tr>
<tr><td>12</td><td>非成套住宅</td><td>指人们生活居住的但不成套的房屋</td></tr>
<tr><td>13</td><td>集体宿舍</td><td>指机关、学校、企事业单位的单身职工、学生居住的房屋。集体宿舍是住宅的一部分</td></tr>
<tr><td rowspan="7">20</td><td rowspan="2">工业</td><td>21</td><td>工业</td><td>指独立设置的各类工厂、车间、手工作坊、发电厂等从事生产活动的房屋</td></tr>
<tr><td>22</td><td>公用设施</td><td>指自来水、泵站、污水处理、变电、煤气、供热、垃圾处理、环卫、公厕、殡葬、消防等市政公用的房屋</td></tr>
<tr><td rowspan="4">交通</td><td>23</td><td>铁路</td><td>指铁路系统从事铁路运输的房屋</td></tr>
<tr><td>24</td><td>民航</td><td>指民航系统从事民航运输的房屋</td></tr>
<tr><td>25</td><td>航运</td><td>指航运系统从事水路运输的房屋</td></tr>
<tr><td>26</td><td>公交运输</td><td>指公路运输、公共交通系统从事客、货运输、装卸、搬运的房屋</td></tr>
<tr><td>仓储</td><td>27</td><td>仓储</td><td>指用于储备、中转、外贸、供应等各种仓库、油库用房</td></tr>
</table>

续表 2-3

一级分类		二级分类		内容
编号	名称	编号	名称	
30	商业	31	商业服务	指各类商店、门市部、饮食店、粮油店、菜场、理发店、照相馆、浴室、旅社、招待所等从事商业和为居民生活服务所用的房屋
		32	经营业务	指各种开发、装饰、中介公司等从事各类经营业务活动所用的房屋
		33	旅游	指宾馆、饭店、大厦、乐园、俱乐部、旅行社等主要从事旅游服务所用的房屋
	金融	34	金融保险	指银行、储蓄所、信用社、信托公司、证券公司、保险公司等从事金融服务所用的房屋
	信息	35	电信信息	指各种邮电、电信部门、信息产业部门,从事电信与信息工作所用的房屋
40	教育	41	教育	指大专院校、中等专业学校、中学、小学、幼儿园、托儿所、职业学院、业余学校、干校、党校、进修学校、工读学校、电视大学等从事教育所用的房屋
	医疗卫生	42	医疗卫生	指各类医院、门诊部、卫生所(站)、检(防)疫站、保健院(站)、疗养院、医学化验、药品检验等医疗卫生机构从事医疗、保健、防疫、检验所用的房屋
	科研	43	科研	指各类从事自然科学、社会科学等研究设计、开发所用的房屋
50	文化	51	文化	指文化馆、图书馆、展览馆、博物馆、纪念馆等从事文化活动所用的房屋
		52	新闻	指广播电视台、电台、出版社、报社、杂志社、通迅社、记者站等从事新闻出版所用的房屋
	娱乐	53	娱乐	指电影院、游乐场、俱乐部、剧团等从事文娱演出所用的房屋
		54	园林文化	指公园、动物园、植物园、陵园、苗圃、花圃、花园、风景名胜、防护林等所用的房屋
	体育	55	体育	指体育场馆、游泳池、射击场、跳伞塔等从事体育活动的房屋
60	办公	61	办公	指党政机关、群众团体、行政事业单位等所用的房屋
70	军事	71	军事	指中国人民解放军军事机关、营房、阵地、基地、机场、码头、工厂、学校等所用的房屋
80	其他	81	涉外	指外国使馆、领馆、驻华办事处等涉外所用的房屋
		82	宗教	指寺庙、教堂等从事宗教活动所用的房屋
		83	监狱	指监狱、看守所、劳改场(所)等所用的房屋

五、房屋的面积

房屋的面积包括建筑占地面积、建筑面积、使用面积、分摊面积、产权面积等。

(1)建筑占地面积(基底面积)。房屋的建筑占地面积是指房屋底层外墙(柱)勒脚的外围水平面积,一般与底层房屋建筑面积相同。

(2)建筑面积。房屋建筑面积是指房屋外墙(柱)勒脚以上各层的外围水平面积,包括阳台、挑廊、地下室、室外楼梯等,有上盖,结构牢固,层高 2.20m 以上(含 2.20m)的永久性建筑。

(3)使用面积。房屋使用面积是指房屋户内全部可供使用的空间面积,按房屋内墙面水平投影计算。包括直接为办公、生产、经营或生活使用的面积和辅助用房如厨房、厕所或卫生间以及壁柜、户内过道、户内楼梯、阳台、地下室及附加层等面积。

(4)分摊面积。房屋分摊面积是指房屋的公共面积,如电梯间、楼梯间、公共门厅、值班警卫室等,还包括与公共建筑之间的分隔墙,以及外墙(含山墙)水平投影一半的建筑面积。

(5)产权面积。房屋产权面积是指产权主依法拥有房屋所有权的房屋建筑面积。包括房屋套内建筑面积(包括套内房屋使用面积、套内墙体面积和套内阳台面积)和分摊面积。房屋产权面积由县级以上房地产行政主管部门登记确权认定。

六、其他情况

1.他项权利

他项权利是产权人和权利人用契约形式设定的权利,如典当权、抵押权的设定。房屋设有他项权利的应在调查表中相应栏作出说明。

2.产权纠纷

产权纠纷可能发生在各相临权属单元之间,包括单位与单位之间、单位与私人之间、私人之间的纠纷。纠纷协调解决了的,按已明确权属界线处理;产权不清或有争议的,如实做出记录,图上用未定界符号标注。

3.房屋权界线示意图

房屋权界线是房屋权属范围的界线,由产权人指界和临户认证来确定。对有争议的权界线要做出记录。房屋权界线示意图是以权属单元为单位绘制的略图,主要反映房屋及其相关位置、权界线、共有共用房屋权界线以及与临户相连墙体的归属,并勘丈和注记房屋边长,对有争议的权界线也应在图上标注。

第三节　房屋用地调查

房屋用地调查可以与房屋调查同时进行,也可分别进行。调查前,要做好充分的准备,收集相关的测绘资料、土地定级资料和一些图件。房屋用地调查的主要内容包括用地坐落、产权性质、土地等级、税费、用地人、用地单位性质、土地使用权来源、四至、界标、房屋用地用途、面积、用地略图以及其他情况的记录等。房屋用地调查记簿应采用专门的“房屋用地调查表”,并绘制用地范围略图。

一、房屋用地单元的划分与编号

1. 丘的划分

房屋用地调查以丘为单位分户进行。丘是指地表上一块有界空间的地块，是调查的最小单元。根据丘内产权单元的情况，丘有独立丘与组合丘之分。一个地块只属于一个产权单元时，称独立丘；一个地块属几个产权单元共有时，称组合丘。

丘在划分时，有固定界标的按固定界标划分，即已有界址点的必须按界址点走向划分“丘”；没有固定界标的按自然界线划分，一般以一个单位或一个门牌号或一处院落的房屋用地划丘。能清楚划分出权属单元的用地范围（如一个单位，一处院落，一个门牌号）的，可划分为独立丘。一个产权单元的用地由不相连的若干地块组成时，则每一地块均应划分为独立丘。一个地块内当多个权属单元的用地范围相互渗透，权属界线难以划分时，或各权属单元的用地范围较小，在分幅图上难以逐一表示各自范围（如对私房集合划分为组合丘）时，将地块划分为组合丘。丘界线不应穿越行政境界线。

2. 丘的编号

丘的编号按市、市辖区（县）、房产区、房产分区、丘五级编号组成。

丘号编立格式如下：

市代码 +	市辖区（县）代码 +	房产区代码 +	房产分区代码 +	丘号
（2位）	（2位）	（2位）	（2位）	（4位）

市代码、市辖区（县）代码采用《中华人民共和国行政区划代码》（GB/T2260）规定的代码。房产区是以行政建制的区、街道（或镇、乡）的行政辖区，或者房地产管理部门划分的区域为基础划定。根据实际情况和需要，可以街坊或主要街道围成的方块为基础将房产区再划分为若干房产分区。房产区应在市辖区或县级市的范围内统一编号。房产分区以房产区为单位划分，可按自然界线，依街坊或居民点，或大的机关、企事业单位划分。若调查区域较小，没有必要划分房产分区时，考虑到今后的市区发展，可将该房产分区号编为01，当市区扩大时，从01续编。丘号的编立以房产分区为编号区，采用四位自然数字从0001至9999编列。

丘号编立顺序，以房产分区（或房产区）为单位，从北到南、从西向东呈反“S”形编列。在变更测量或修补测中，新增的丘号接原编号顺序连续编立。

由于房产区及房产分区随着城市发展变化而不断地变动，实际工作中进行小范围的房地产基础测绘时，丘号的编立也可临时以图幅为单位进行，待全市基础测绘工作进行到一定阶段，再作统一的调整。当丘跨越图幅时，按主门牌号所在图幅编立，相邻图幅该丘不再编号，以该丘主门牌号所在图幅的丘号加括号表示，如(12)。

在丘号编立的实际工作中，客观地存在着各丘的形状不一、大小不等等诸多复杂状况，因此应根据丘的平面分布情况，从编立首号起，按编号的前进方向，综合考虑毗连地块编号的连贯性以及跨图接边等具体情况进行编号，以便利于管理及资料的检索与查询。

3. 支丘号的编立

在组合丘内，为反映各权属单元用地状况，可在丘号的基础上编立丘支号。各丘支号的编立按照从左到右、从上到下呈反“S”形顺序编立。丘支号的表示方法为：丘号在前，支丘号在后且字级小一号，中间加短线表示，如“48—6”。

二、房屋用地情况的调查

1.用地人、用地人所有制性质

用地人是指房屋用地使用权人的名称或姓名，用地人的所有制性质按第二节中房屋所有人所有制性质填写。

2.权源

权源即房屋用地(土地)使用权的来源。权源调查主要是调查房屋用地使用权的单位和个人取得其使用权的时间、方式及数量。时间以获得土地使用权正式文件的日期为准；取得土地使用权的方式有征用、划拨、出让和转让等；数量以文件中规定范围内的面积为准。

3.土地等级

城镇土地等级是根据市政建设情况、经济繁荣程度、商业发展程度、公用事业及交通状况、城市发展规划、工程地质条件及自然生态环境等条件综合评估而划分的等级。

各地方人民政府根据国家土地等级划分的总原则，结合本地区的特点制定适合本地区的地区性土地等级评估标准，并按该标准划分土地各等级的区域。房屋用地等级根据其所在区域土地等级填写。

4.房屋用地的税费

房屋用地的税费按房屋用地使用人向税务部门缴纳的年度金额为准，按年计征额填写。其中属于免征对象应注明“免征”，并简注原因。对于外资企业和中外合资企业的用地，依照国家法律和国务院有关规定执行，调查中也必须向征收部门收集有关资料填写。

5.土地的所有制性质

《中华人民共和国土地管理法》规定，城市市区的土地属国家所有。农村和城市郊区的土地，除由法律规定属于国家所有以外，属于集体所有。土地的所有制性质不受土地使用权人性质和土地上附着物产权性质的限制。即土地的所有制性质只有国家所有和集体所有，集体所有的还应加注土地所有权的单位名称，如“集体(李家村)”。

6.房屋用地用途分类

按现行国家标准《房产测量规范》附录A中的表A3执行(见表2-4)。一块用地内的房屋类别不完全相同时，以其主要的或多数的类别为准，填写二级分类代码。

表2-4　房屋用地用途分类标准

<table>
<tr><th colspan="2">一级分类</th><th colspan="2">二级分类</th><th>含　义</th></tr>
<tr><td rowspan="4">10</td><td rowspan="4">商业、金融业用地</td><td colspan="3">指商业服务业、旅游业、金融保险业等用地</td></tr>
<tr><td>11</td><td>商业服务业</td><td>指各种商店、公司、修理服务部、生产资料供应站、饭店、旅社、对外经营的食堂、文印誊写社、报刊门市部、蔬菜购销转运站等用地</td></tr>
<tr><td>12</td><td>旅游业</td><td>指主要为旅游业服务的宾馆、饭店、大厦、乐园、俱乐部、旅行社、旅游商店、友谊商店等用地</td></tr>
<tr><td>13</td><td>金融保险业</td><td>指银行、储蓄所、信用社、信托公司、证券交易所、保险公司等用地</td></tr>
</table>

续表 2-4

一级分类		二级分类		含义
20	工业、仓储用地			指工业用地、仓储用地
20	工业、仓储用地	21	工业	指独立设置的工厂、车间、手工业作坊、建筑安装的生产场地、排渣(灰)场等用地
20	工业、仓储用地	22	仓储	指国家、省(自治区、直辖市)及地方的储备、中转、外贸、供应等各种仓库、油库、材料堆场及附属设备等用地
30	市政用地			指市政公用设施、绿化用地
30	市政用地	31	市政公用设施	指自来水厂、泵站、污水处理厂、变电所(站)、煤气站、供热中心、环卫所、公共厕所、火葬场、消防队、邮电局(所)及各种管线工程专用地段等用地
30	市政用地	32	绿化	指公园、动植物园、陵园、风景名胜、防护林、水源保护林及其他公共绿地等用地
40	公共建筑用地			指文化、教育、娱乐、机关、宣传、科研、设计、教育、医卫等用地
40	公共建筑用地	41	文、体、娱	指文化馆、博物馆、图书馆、展览馆、纪念馆、体育场馆、俱乐部、影剧院、游乐场、文化体育团体等用地
40	公共建筑用地	42	机关、宣传	指党政事业机关及共、青、妇等群众组织驻地,广播电台、电视台、出版社、报社、杂志社等用地
40	公共建筑用地	43	科研、设计	指科研、设计机构用地,如科研院(所)、设计院及其实验室、实验场等用地
40	公共建筑用地	44	教育	指大专院校、中等专业学校、职业学校、干校、党校、中小学校、幼儿园、托儿所、业余进修院(校)、工读学校等用地
40	公共建筑用地	45	医卫	指医院、门诊部、保健院(所、站)、疗养院(所)、救护站、血站、卫生院、防治所、检疫站、防疫站、医学化验、药品检验等用地
50	住宅用地			指供居住的各类房屋用地
60	交通用地			指铁路、民用机场、港口码头及其他交通用地
60	交通用地	61	铁路	指铁路线路及场站、地铁出入口等用地
60	交通用地	62	民用机场	指民用机场及其附属设施用地
60	交通用地	63	港口码头	指专供客、货运船舶停靠的场所用地
60	交通用地	64	其他交通	指车站(场)、广场、公路、街、巷、小区内的道路等用地
70	特殊用地			指军事设施、涉外、宗教、监狱等用地
70	特殊用地	71	军事设施	指军事设施用地。包括部队机关、营房、军用工厂、仓库和其他军事设施等用地
70	特殊用地	72	涉外	指外国使馆、驻华办事处等用地
70	特殊用地	73	宗教	指专门从事宗教活动的庙宇、教堂等宗教用地
70	特殊用地	74	监狱	指监狱用地,包括监狱、看守所、劳改场(所)等用地
80	水域用地			指河流、湖泊、水库、坑塘、沟渠、防洪堤坝等用地
90	农用地			指水田、菜地、旱地、园地等用地
90	农用地	91	水田	指筑有田埂(坎)可以经常蓄水,用于种植水稻等水生作物的耕地
90	农用地	92	菜地	指以种植蔬菜为主的耕地。包括温室、塑料大棚等用地
90	农用地	93	旱地	指水田、菜地以外的耕地,包括水浇地和一般旱地等
90	农用地	94	园地	指种植以采集果、叶、根、茎等为主的多年生木本和草本作物,覆盖度大于 50%或每亩株数大于合理株数 70%的土地,包括果树苗圃等用地
00	其他用地			指各种未利用土地、空闲地等其他用地

7.房屋用地面积

调查房屋用地面积时应根据用地单位合法取得土地使用权的文件或已进行过房屋用地登记的产权产籍档案资料进行调查。房屋用地面积指的是用地单位实际面积，即为实红线内的面积，除记录实际面积外，还应对红线范围内的代征路、市政设施及各类通道所用面积进行调查记录。组合丘内对丘面积和各权属单元的用地面积应逐一调查。对于几个权属单元因权属界线相互交错，分幅图上难以表示而划分的组合丘，丘内各权属单元用地面积总和应与丘面积比较。对其不符值应进行分析，查找原因，属于误差范畴的按各权属单元用地面积比例进行配赋，省去不符值，即保证各权属单元用地面积总和与丘面积相等。房屋用地面积测算方法参见第六章。

三、房屋用地权属界线

1.房屋用地界址线的调查

房屋用地界址线是指用地单位合法使用土地范围的边界线，它是一闭合的多边形。房产调查中对房屋用地界址线调查时，如已进行确权登记的，以相关产权产籍资料为准，如未进行确权的，调查人员必须根据资料档案结合实地情况，会同用地权利人和所涉及相邻关系的权利人现场共同指界确定，这也是确认用地使用权属的工作程序。对于资料档案和双方皆无法确定或存在争议的界址线，调查人员应如实详细做好记录，报请相关主管部门进一步落实解决。

2.界标

界标指房屋用地范围权属界址线界址标志。调查时可填写用地范围边界界标物的名称，例如：围墙、墙壁、栅栏、篱笆、界桩，或河流、道路名称等。当界标物为线状地物时，一定要确定界址线与界标的位置关系（一般以内、中、外表示）。

3.用地的四至关系

房屋用地四邻地块情况为房屋用地的四至。房屋用地的四至一般按东、南、西、北概略方位，分别调查，与之相邻的街道名、丘号，或沟、渠、水域等名称。

4.房屋用地范围示意图的绘制

房屋用地范围示意图，是以房屋用地单元即丘为单位，主要表示房屋用地范围及其权属界线，并用概略比例尺绘制的略图。房屋用地范围示意图应表示的内容有：

(1)用地界线及其权属，包括共用院落界线；

(2)界标及其类别；

(3)用地范围内房屋的位置及形状；

(4)注记房屋用地界线边长，包括共用院落的相对定位关系尺寸；

(5)标注用地四至名称。

第四节　房产调查技术要求

在现场调查中要在草图上注记门牌号、街坊名称、业主（单位）名称、四至、幢号、房屋结构、层数、墙体归属等情况，同时按墙体归属丈量其建筑面积。

在房屋面积统一调查之前，已签订《购房合同书》的，或已办了《房屋所有权证》的，按原合同或原所有证的面积为准。

在地籍调查过程中，已有资料中有建筑面积，要查清建筑面积的来源，如果原面积数据未按技术要求调查计算求得，是采用框算数据或自报数据的，要重新调查，把建筑面积更新为准确面积数据。

房屋建筑面积调查采用钢尺实地量距法。钢尺需要进行检校，检校合格后才能使用。遇到房屋现状变化，应先绘草图，将房屋的平面图和边长尺寸等记载在草图上。丈量边长读数取至厘米。边长要进行两次丈量，两次丈量结果较差应符合下式规定

$$\Delta D \leqslant 0.04 \times D \tag{2-1}$$

式中　ΔD——两次丈量结果较差，cm；

　　　D——实量边长，m。

房屋面积测算的中误差 M_p 按下式计算：

$$M_p = \pm (0.04\sqrt{P} + 0.003P) \tag{2-2}$$

式中　P——房屋面积，m^2。

房屋建筑面积测算的最大误差为两倍中误差，其面积的求算参见第六章。房屋建筑面积调查后应绘制房屋调查图并填写房屋调查表及房屋用地调查表。如表 2-5、表 2-6 所示。

表 2-5　房屋调查表

市区名称和代码＿＿＿＿　房产区号＿＿＿＿　房产分区号＿＿＿＿　丘号＿＿＿＿　序号＿＿＿＿

<table>
<tr><td colspan="2">坐落</td><td colspan="9">区(县)　街道(镇)　胡同(街巷)　号</td><td colspan="2">邮政编码</td><td colspan="3"></td></tr>
<tr><td colspan="2">产权主</td><td colspan="6"></td><td>住址</td><td colspan="7"></td></tr>
<tr><td colspan="2">用途</td><td colspan="6"></td><td>产别</td><td colspan="2"></td><td colspan="2">电话</td><td colspan="3"></td></tr>
<tr><td rowspan="6">房屋状况</td><td rowspan="2">幢号</td><td rowspan="2">权号</td><td rowspan="2">户号</td><td rowspan="2">总层数</td><td rowspan="2">所在层数</td><td rowspan="2">建筑结构</td><td rowspan="2">建成年份</td><td rowspan="2">占地面积(m²)</td><td rowspan="2">使用面积(m²)</td><td rowspan="2">建筑面积(m²)</td><td colspan="4">墙体归属</td><td rowspan="2">产权来源</td></tr>
<tr><td>东</td><td>南</td><td>西</td><td>北</td></tr>
<tr><td></td><td></td><td></td><td></td><td></td><td></td><td></td><td></td><td></td><td></td><td></td><td></td><td></td><td></td><td></td></tr>
<tr><td></td><td></td><td></td><td></td><td></td><td></td><td></td><td></td><td></td><td></td><td></td><td></td><td></td><td></td><td></td></tr>
<tr><td></td><td></td><td></td><td></td><td></td><td></td><td></td><td></td><td></td><td></td><td></td><td></td><td></td><td></td><td></td></tr>
<tr><td></td><td></td><td></td><td></td><td></td><td></td><td></td><td></td><td></td><td></td><td></td><td></td><td></td><td></td><td></td></tr>
<tr><td colspan="2" rowspan="2">房屋权界线示意图</td><td colspan="9" rowspan="2"></td><td>附加说明</td><td colspan="4"></td></tr>
<tr><td>调查意见</td><td colspan="4"></td></tr>
</table>

调查者：　　　　年　　月　　日

表 2-6　房屋用地调查表

市区名称和代码________房产区号________房产分区号________丘号________序号________

坐落		区(县)	街道(镇)	胡同(街巷)号	电话		邮政编码
产权性质		产权主		土地等级	税费		附加说明
使用人		住址			所有制性质		
用地来源					用地用途类型		
用地状况	四至	东	南	西	北		
	界标	东	南	西	北		
	面积(m^2)	合计用地面积	房屋占地面积	院地面积	分摊面积		
用地略图							

调查者：　　　　年　　　月　　　日

填写房屋调查表是野外房产调查的重要工作之一，是房产的基础资料。因此，要认真地、一丝不苟地填写，各项填写内容、丈量尺寸要做到实地、调查表、调查图三者一致。

房屋调查表的各项内容以幢为单位分户进行。幢是指一座独立的包括不同结构和不同层数的房屋。幢号以丘为单位编号，从大门起(或丘的入口处)，从左到右，从前到后，用数字 1,2,…顺序按反“S”形编号。幢号注记在房屋轮廓线的左下角，并加括号。当丘内房屋已有连续而完整的幢号也可继续沿用。若本幢房屋是在他人权属范围的土地上建造的房屋，或自己权属范围内的土地上有他人建造的房屋，还应在幢号的后面加注房产权号。房产权号用大写英文字母 A 表示，注记在房屋幢号的右侧，和幢号并列，且字号相同。若多户共有的一幢房屋，还应在幢号后加注共有权号，用 B 表示，以相同的字号与幢号并列，注在房屋幢号右侧。

房屋用地调查表以丘为单位，按表中内容认真调查填制，对于组合丘，还应注意如下问题：

(1)整丘的调查表是各支丘房屋用地调查表的索引，只需填写图幅号或房产分丘号、坐落、用地等级与分类、用地面积和用地示意图等共性项目，其他内容各支丘应分别另按调查表逐项填写。

(2)房屋用地调查表和房屋调查表相关内容应相互配套。

(3)房屋用地调查表整编时，序号栏应以整丘编序号，各支丘所用的调查表编为该整丘调查表所编序号的分号。序号与分号间用短直线连接。

在野外进行房产调查时，除了填制调查表外，还应在现场填绘房产调查工作底图。此工作底图以选用符合国家标准《房产测量规范》精度要求且与房产分幅图比例尺相当或稍大的地形图、地籍图或影像平面图为佳。将调查的丘号、门牌号、幢号、产别、层数、建筑结构、建成年份、建筑面积、勘丈尺寸以及用途等内容，按要求表示在工作底图上。如图 2-1 所示。

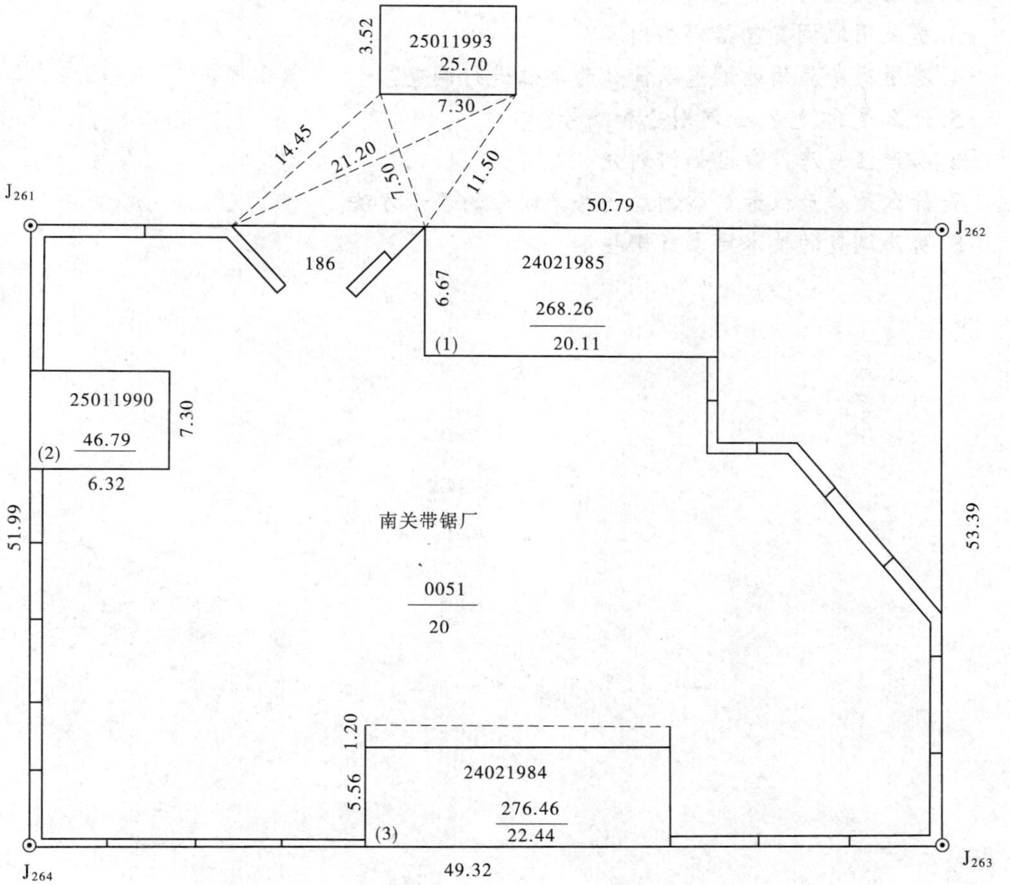

图 2-1　房屋调查工作底图

示例：⊙为一级界址点；J_{261}为界址点点号；24021985：2 代表房屋产别，4 代表房屋建筑结构；02 代表层数，1985 代表建成年份；276.46 为房屋建筑面积；(3)代表房屋幢号；$\frac{0051}{20}$：0051 代表丘号，20 代表房屋用地用途。

在调查时房屋状况可能与调查工作底图不一致，主要有新建、改建、扩建、拆除等情况。对于拆除的，不需调查，在原房屋框线上用红色打“×”表示；新建、改建及扩建的，应补测或重测。若补测或重测的数量较少，可采用距离交会法来确定新房屋在图上的位置。在图上用红色表示出距离交会线（虚线表示）、勘丈数据以及新的房屋框线，新建房屋外框线按《房产测量规范》的图示符号要求进行改绘。当对房产调查工作底图进行检查验收后，可由此图进行编绘房产分幅图或房产分丘图。

思考题

1. 房产调查的目的和任务各是什么？
2. 房屋调查的内容包括哪些？
3. 房屋用地调查包括哪些内容？
4. 房屋及房屋用地调查以什么为单位进行调查？
5. 什么是丘、幢？如何划分和编号？
6. 房产区与房产分区如何划分？
7. 什么是房产权号？举例说明房产权号的表示方法。
8. 房产调查的技术要求有哪些？

第三章 房产平面控制测量

第一节 概 述

控制测量指的是在一定区域内，按照一定的精度要求，测定一系列固定地面控制点的水平位置和高程的过程。测定控制点水平位置的工作叫平面控制测量。

对于每个城镇，在房地产产权产籍管理区域内进行房产测绘，都必须建立具有必要精度的平面控制网，作为房地产平面图测绘和日常变更测量的基础。测量房地产平面控制网的工作称为房地产平面控制测量。

一、房产平面控制测量的目的和作用

房产平面控制测量是房产测量整个工程前期性的基础工作，它的目的是建立一个高精度的、有一定密度的、能长期保存使用的、稳定的房产平面控制网。为整个房产测量工作提供一个准确的控制框架和定位基准，并控制误差的累积，其主要作用有以下两点：

(1)为房产图的测绘提供测图控制和起算数据。在进行房产要素测量时，为了防止在测定房产要素的几何位置时测量误差的累积，必须建立相应等级和密度的控制点网，通过控制点提供和传递起算数据，其中尤其对界址点、房角点的要求比较高(±0.02m)，因而对控制点的精度要求也很高。

(2)为房产测绘的变更与修测提供起算数据。房产测绘中经常遇到房产产权的变更、转移，加上城市建设发展的现状不断地变化，为了保持测绘成果的现势性，要及时进行变更与修测。这些都需要城市建立统一标准、长期稳定的控制点作为起算数据。

二、房产平面控制网的布设原则与基本要求

为了充分利用国家和城市的已有控制成果，保证测绘成果的共享和质量，满足国家经济建设和房地产管理的要求，房地产平面控制点的布设原则和其他布设原则一样，应遵循"从整体到局部、从高级到低级、分级布设的原则，也可越级布网"。

我国的国家平面控制网主要采取以三角网为主和以导线网为辅的方式建立，一直沿用至今。随着GPS测量技术的普及应用，目前控制网的建立常采用GPS控制网。为了很好地利用已有资源并且和国家控制网统一，所以"从整体到局部"就是要求房产平面控制测量将自己这种局部性质的测量变为全国整体控制测量的一部分。不论房地产平面控制测量是全城市的，也不论覆盖多大的面积，它都是全国整个大地控制网的一部分，是国家财富和资产的一部分，测量时要和国家网相连接，点的密度、标志设置、精度等级要求都要和国家控制网接轨并保持一致。

"从高级到低级、分级布设的原则，也可越级布网"是要求房产平面控制网应按照规定

的等级规格，从高级网到低级网，统一分级布网，但不是要求逐级布网，中间可以越级布网。例如在二等平面控制网下，可以按照四等控制网的精度和规格，布设四等平面控制网。试验证明，越级布网在某些条件下是有利的，也不会降低控制网应有的精度。

建立房产平面控制网的基本要求：

(1)要求控制点间有较高的相对精度，即要求最末一级的房产平面控制网中，相邻控制点间的相对点位中误差不超过±0.025m，最大误差不超过±0.05m，只有这样的控制网才能够保证所控制下的房地产要素之间的相对精度。否则满足不了房地产要素测量的要求，尤其是界址点和房角点的精度要求。

(2)要求房产平面控制点有相当的分布密度，以满足房地产要素测量对起算控制点的需求，即要求建筑物密集区的控制点平均间距在100m左右，建筑物稀疏区的控制点平均间距在200m左右，也就是说，在市区必需布设一、二、三级平面控制网点；在某些建筑物密集区或隐蔽区，不仅要布设一、二、三级平面控制网点，可能还要增设辅助控制网点，甚至缩短控制网点之间的边长；在通视良好的建筑物稀疏区，可能布设一、二级平面控制网即可解决问题。

(3)要求能长期保存使用，房产平面控制网点都应该埋设永久性固定标志。这些固定标志可能是埋在地下的测量标石，也可把标志嵌埋在永久性的坚固的建筑物或构筑物上，也可建在已有的能长期保存的、牢固的独立地物上。

(4)要求房产平面控制网点的坐标能保持较长时间的稳定，不要经常变化。因为房产测绘是一种提供官方证明的政府行为的测量，其成果用于进行产权登记，一经确定，即具法律效力；而坐标和面积将是今后产权登记最主要的基本数据，一经登记发证，就应保持其严肃性和稳定性，而不能经常或任意改动，以免造成产权登记和档案材料的混乱。

三、房产平面控制测量的坐标系统

国家标准《房产测量规范》明确规定：房产测量应采用1980西安坐标系或地方坐标系，采用地方坐标系时，应该和国家坐标系联测。

从长远和全局考虑，国家也要求全国应采用统一的国家大地坐标系统，并使各城市的城市控制网成为国家控制网的一部分。但是由于历史原因，在相当一段时期内我国没有形成和提供覆盖全国的高精度的国家大地控制网成果，而城市由于规划和建设的需要，许多大中城市都先后建立了自己独立的地区性的大地控制网，形成了自己的大地坐标系统和平面坐标系统。整个城市的测绘成果和市政工程资料均属于同一个独立坐标系统，并且其控制网精度较高，投影变形也很小，既能满足大比例尺测图和施工放样的需要，一般也能满足城镇地籍测绘和房地产测绘平面控制的需要。为了充分利用现有的成果资料，保持城市测绘成果资料的统一和共享，也为了房地产测绘成果能为城市的经济建设、为相关建设服务，所以提倡使用国家统一的坐标系统——1980西安坐标系，也允许使用城市地方坐标系。但使用地方坐标系时应和国家坐标系联测不少于3个点，以保证必要时能将地方坐标系转换为国家坐标系。表3-1为我国曾经采用的大地坐标系。

表 3-1　我国历年来采用的国家大地坐标系

坐标系名称	椭球名称	椭球长半轴(m)	椭球扁率	椭球定向	大地原点
1980 年西安坐标系	IUGG—75	6 378 140	1:298.257	1 968.0(JYD)(地极原点)	西安
1954 年北京坐标系	克拉索夫斯基	6 378 245	1:298.3		普尔科沃延伸
新 1954 年北京坐标系	克拉索夫斯基	6 378 245	1:298.3	1 968.0(JYD)	西安
各城市坐标系	克拉索夫斯基	6 378 245	1:298.3		一般在城市中心
WGS－84 坐标系	平均椭球	6 378 137	1:298.257	1 984.0(BIH)	地球质心

注:WGS 为世界大地坐标系;JYD 为地极原点;1968.0(JYD)为 1968 年历元平极为原点的地极坐标系;IUGG 为国际大地测量与地理物理联合会;BIH 为国际时间局。

四、对国家和城市控制网的利用

为了保持房产控制网和国家控制网的统一,避免重复测量,可以考虑合理使用已有的国家和城市控制网,而房产平面控制测量是房产测量的基础,如果出现问题,后果不堪设想。因此,如果利用已有成果,必须进行细致地分析和谨慎地评估,以保证对原有成果的正确使用。

就全国而言,房产平面控制测量能利用的有两大块:一是国家的一、二、三、四等大地控制网;另一个是各城市的二、三、四等城市控制网和一、二级城市平面控制网。

新中国成立以后,国家致力于建立一个覆盖全国的一、二等国家大地控制网,除青藏高原地区以外,这一目标已经实现。经济发达地区有的还布有三、四等国家或地方的控制点,对这一部分控制成果的利用,应进行检核和分析,而不能盲目地直接利用。由于国家网是在不同时期完成,因此网的精度和规格、建网的目的都不太相同,其中相当一部分不足以控制房产平面控制网。一般来说,1958 年底以后所完成的国家一、二、三、四等控制网如果不超过表 3-2 的要求,则可以考虑利用,但也应进行必要的检核,评估其是否符合国家标准《房产测量规定》的要求。

表 3-2　各级国家平面控制网限差

平面控制网等级	一等	二等	三等	四等
测角中误差(″)	±0.7	±1.0	±1.8	±2.5
边长(km)	20～25	9～13	4～10	1～6
方位角中误差(″)	±0.9	±1.5	±2.5	±4.5
最弱边边长相对中误差	1/20 万	1/12 万	1/8 万	1/4.5 万

我国各大城市都布设有正规的质量可靠的城市二、三、四等控制网,有的还有一、二级导线。这些成果大部分执行 1985 年城乡建设环境保护部颁发的《城市测量规范》,各项指标如果符合表 3-3 精度要求的城市控制网一般都可以利用,也可以在此基础上进行加密,

但利用前应对已有成果进行评估和分析，并在分析的基础上，对薄弱部分进行实地检测。

表 3-3　各级城市平面控制网限差

城市平面控制网等级	二等	三等	四等	一级	二级
测角中误差(″)	±1.0	±1.8	±2.5	±5.0	±8.0
边长(km)	9	5	2	0.3	0.2
方位角中误差(″)	±1.5	±2.5	±4.5	±10.0	±15.0
边长相对中误差	1/12 万	1/8 万	1/4.5 万	1/2 万	1/1.3 万

第二节　房产平面控制测量的方法和技术要求

房产平面控制测量的方法主要有导线测量、GPS 定位测量、三边测量和三角测量。随着测绘仪器设备及测绘技术的越来越现代化，其中三角测量正在逐渐退出历史舞台，但是三角测量曾经是我国大地控制测量的主要手段，全国正在使用的大部分控制成果是通过三角测量的方法建立的，它为我们提供了全国性、统一的空间定位基准，所以我们仍然需要依靠它作为控制测量的起算基准。但三角测量和三边测量的方法由于受布网条件、观测、计算等诸多因素的限制，现在已经基本不被用于平面控制测量，我们主要介绍前两种。

一、城市导线网测量

由于城市建筑物密集，视野不够开阔，导线网受观测条件的约束较小，布设和观测比较简单，精度能够保证，设备需要也比较普通，观测速度又很快。所以，导线网测量在城市控制网测量中运用非常广泛。根据需要，既可以布设城市首级控制网，也可以布设加密网。但由于导线精度的限制，导线测量一般用于低等级的加密，高等级的一般采用 GPS 定位技术完成。

城市导线网的等级依次为三、四等导线和一、二、三级导线，有关导线测量的技术指标和要求见下表 3-4。

表 3-4　各级测距导线的技术指标

导线等级	平均边长(km)	导线全长(km)	每边测距中误差(mm)	测角中误差(″)	导线全长相对闭合差	水平角观测测回数			方位角闭合差(″)
						DJ_1	DJ_2	DJ_6	
三等	3.0	15	±18	±1.5	1/60 000	8	12		$\pm 3\sqrt{n}$
四等	1.6	10	±18	±2.5	1/40 000	4	6		$\pm 5\sqrt{n}$
一级	0.3	3.6	±15	±5.0	1/14 000		2	6	$\pm 10\sqrt{n}$
二级	0.2	2.4	±12	±8.0	1/10 000		1	3	$\pm 16\sqrt{n}$
三级	0.1	1.5	±12	±12.0	1/6 000		1	3	$\pm 24\sqrt{n}$

注：n 为导线转折角的个数。

(一)导线网的布设

为了保证房产平面控制网的精度，在利用导线测量方法布设房地产平面控制网时，应注意以下问题：

(1)导线应尽量布设成直伸导线，并构成导线网。导线一般沿道路布设，尽量布成直伸导线，并使边长相差不太大。导线布设一定要构成网形，不布或少布单导线，控制测量中不允许布支导线。对导线很邻近的高级点或同级点应尽量进行联测，或测量它们之间的边长，使参加导线平差或作为检核之用。当平差后两点的间距与所量边长超过规定限差时(±5cm)，应重新处理。

(2)导线网中，结点与结点、结点与高级控制点间的导线长度、导线边数不能超过国家标准《房产测量规定》规定导线全长边数的0.7倍。

(3)网平差前，对外业观测成果的质量应进行分析和检核，检查各项限差有无超限，检查起算数据的使用是否正确，检核后方可进行平差计算。导线网平差应采用通用平差程序或导线网专用平差程序进行平差，对新用的平差程序应进行例行检核和试平差运行后方可使用，对新用平差程序的检核主要是：测距仪加乘常数改正、气象改正、投影改正等以及平差正确性的检核。

(4)平差计算中应进行精度估算，精度估算一般应由平差计算程序完成。估算项目包括平差后的测角中误差、最弱边长中误差、最弱方位角中误差、最弱相邻点相对点位中误差等。

平差后应对平差的观测角改正数和边长改正数进行分析和验证，其分布形态类似于正态分布。当发现有系统误差的显著表现或发现平差后导线变形过大时，应对观测成果和改正归算进行检核，或对起算数据或网形结构进行调整后重新进行平差计算。

(二)导线网的观测

导线测量工作开始前，应根据任务的要求，制订经济合理的技术方案，编写技术设计说明书，其选点、造标、埋石的具体方法参照三角测量。但是导线测量有其本身的特点，在作业内容和要求上又不同于三角测量。

二、水平角测量

水平角观测使用DJ_1、DJ_2、DJ_6三个等级系列的光学经纬仪或电子经纬仪。城市各级导线的水平角测量一般采用方向观测法，三、四等导线一般采用左、右角观测法。安置脚架时，普遍采用三联脚架法。各等级导线测量水平角观测的技术要求应符合表3-5的规定。方向观测法的各项限差规定应符合表3-6的规定。

三、边长测量

各级导线网的边长，主要使用相应精度的光电测距仪测定。光电测距仪的等级，按照制造厂家给定的1km的测距中误差的绝对值划分为二级：

Ⅰ级： $|m_0| \leqslant 5mm$

Ⅱ级： $5mm < |m_0| \leqslant 10mm$

表 3-5　导线测量水平角观测的技术要求

等级	测角中误差 (″)	测回数			方位角闭合差 (″)
		DJ_1	DJ_2	DJ_6	
三等	≤±1.5	8	12		$\leqslant \pm 3\sqrt{n}$
四等	≤±2.5	4	6		$\leqslant \pm 5\sqrt{n}$
一级	≤±5.0		2	6	$\leqslant \pm 10\sqrt{n}$
二级	≤±8.0		1	3	$\leqslant \pm 16\sqrt{n}$
三级	≤±12.0		1	3	$\leqslant \pm 24\sqrt{n}$

注：表中 n 为测站数。

表 3-6　方向观测法的各项限差

经纬仪型号	光学测微器 两次重合读数差	半测回归零差	一测回内 $2C$ 较差	同一方向值 各测回较差
DJ_1	1	6	9	6
DJ_2	3	8	13	9
DJ_6	—	18	36	24

1.光电测距边的选择

光电测距边的选择应符合以下条件：

(1)根据测距边的距离，选择最佳测距的相应测程的测距仪；

(2)测距测线(仪器视线)宜高于地面和离开障碍物 1m 以上；

(3)测距测线应避免通过发热体(如散热塔、烟囱)的上空及附近；

(4)安置测距仪的测站应避开受电磁场干扰的地方，一般要求离开高压线 5m 以外；

(5)应避免测距时的视线背景部分有反光物体。

2.测距时应注意的事项

(1)应在大气条件稳定、通视良好、成像清晰的条件下观测；日出后、日落前半小时内尽量不观测，阴天有微风天气则可全天观测。

(2)雷雨前后、大雾大风雨雪天气及大气透明度很差时，不宜观测。

(3)应有一定的预热时间，只有当电压、各电子部件正常稳定后才能观测。

(4)晴天作业时要打伞，仪器和主要部件避免暴晒。

(5)作业中使用的棱镜宜与鉴定时使用的棱镜一致，在不同的测程范围内，按规定使用棱镜的个数。

(6)严禁在测线中或测线延长线上有另外的反光镜。

(7)观测读数时，对讲机应暂时停止通话。

3. 各等级控制网测距的技术要求

各等级控制网测距的技术要求可以按照表 3-7 的规定执行。

表中一测回是指照准目标一次,一般读数为 4 次。可根据仪器出现的离散程度和大气透明度作适当增减。往返测回数占总测回数的一半。

表 3-7　各等级控制网测距的技术要求

<table>
<tr><th rowspan="2">控制网等级</th><th rowspan="2">测距仪</th><th colspan="2">观测次数</th><th rowspan="2">总测回数</th></tr>
<tr><th>往</th><th>返</th></tr>
<tr><td rowspan="2">二等</td><td rowspan="2">Ⅰ、Ⅱ</td><td rowspan="2">1</td><td rowspan="2">1</td><td>6</td></tr>
<tr><td>8</td></tr>
<tr><td rowspan="2">三等</td><td rowspan="2">Ⅰ、Ⅱ</td><td rowspan="2">1</td><td rowspan="2">1</td><td>4</td></tr>
<tr><td>6</td></tr>
<tr><td rowspan="2">四等</td><td rowspan="2">Ⅰ、Ⅱ</td><td rowspan="2">1</td><td rowspan="2">1</td><td>2</td></tr>
<tr><td>4</td></tr>
<tr><td>一级</td><td>Ⅱ</td><td>1</td><td>—</td><td>2</td></tr>
<tr><td>二、三级</td><td>Ⅱ</td><td>1</td><td>—</td><td>1</td></tr>
</table>

4. 各级测距仪观测结果的限差

各级测距仪观测结果的限差应符合表 3-8 的规定。表中往返测较差应将斜距划算到同一水平面上方可比较。测距仪观测的野外观测值为斜距,首先应加入气象、加常数、乘常数等各项改正,再化算为平距。

表 3-8　光电测距各项较差的限差

<table>
<tr><th>仪器等级</th><th>一测回读数较差
(mm)</th><th>单程测回间较差
(mm)</th><th>往返或不同时段的较差
(mm)</th></tr>
<tr><td>Ⅰ级</td><td>5</td><td>7</td><td rowspan="2">$2(a+b\times D)$</td></tr>
<tr><td>Ⅱ级</td><td>10</td><td>15</td></tr>
</table>

注: a、b 为光电测距仪的标称精度指标:a 为固定误差,mm;b 为比例误差;D 为测距边长,m。

四、导线网与高级控制点的连接

导线连接测量的目的是把高级控制点的坐标和边的方位角传递到本导线上。在高级控制点设站观测连接角时,方位角应至少有两个已知方向来传递,为了减小连接角误差对导线精度的影响,在连接角测量时宜为相应级别导线角的测回数的 1.5 倍。连接边应采用相应精度的光电测距仪测定。

第三节　全球定位系统 GPS 简介

全球定位系统 GPS(Global Positioning System)是美国研制的新一代卫星导航系统。GPS 系统可以向全球任何用户全天候地提供高精度的三维坐标、三维速度以及时间信息,应用广泛,前景远大(如图 3-1 所示)。GPS 系统已广泛应用于大地测量、工程测量,并已开始应用于航空摄影测量和地形地籍测量各方面。特别是在地形地籍测量方面,RTK 技术(实时动态定位技术)的出现,产生了 GPS 全站仪。这样,利用 GPS 全站仪进行数字地形测量的数据采集,将变成地形测量数据采集的常用手段之一。

综观 GPS 的应用和发展现状,可以看出,GPS 定位技术正在引起全球范围测绘技术的革命性变化,它将成为测绘生产的主要技术和方法,而传统的测绘仪器和方法则会逐渐退居次要的地位,测绘人员无疑应在思想上和行动上迎接 GPS 测绘时代的到来。

一、GPS 系统构成

全球定位系统(GPS)包括三大部分。

(一)GPS 卫星星座(空间部分)

GPS 系统的空间部分由(21 + 3)颗高度约为 20 200km 的卫星群组成,卫星星座如图 3-2所示,其中 21 颗工作卫星,3 颗在轨备用卫星。24 颗卫星基本上平均分布在 6 个轨道面内,轨道平面相对于地球赤道的倾角为 55°,各个轨道平面之间交角为 60°。在每个轨道面内,各颗卫星的升交距角相差 90°。GPS 卫星的运行周期为 11 小时 58 分,每颗卫星一般安设两台铷原子钟和两台铯原子钟,一般只启用一台原子钟,余者备用。位于地平线的卫星数随时间和地点的不同,最少可以见到 4 颗卫星,最多可见到 11 颗卫星。GPS 卫星的这种布置使得在全球大多数地方能够实现全天候高精度连续实时的导航定位测量。

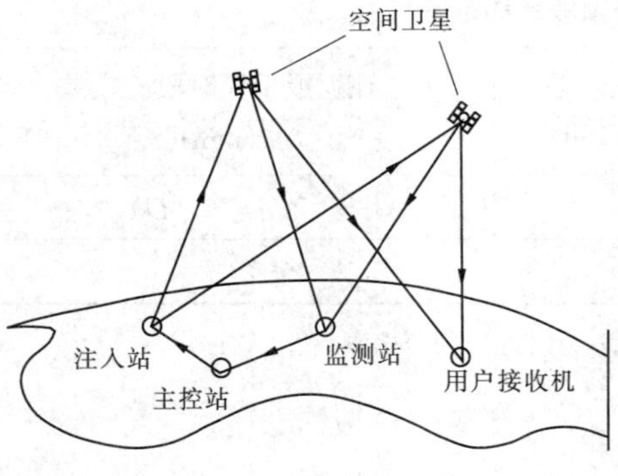

图 3-1 GPS 系统

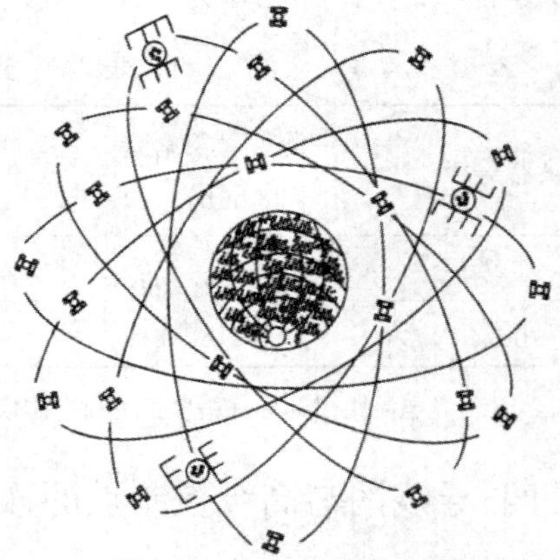
图 3-2 GPS 卫星分布图

(二)地面监控系统(地面控制部分)

GPS 地面监控系统包括一个主控站(设在美国本土科罗拉多·斯平士的联合空间执行中心)、三个注入站(分别设在大西洋的阿森松岛、印度洋的狄哥·枷西亚、太平洋的卡瓦加兰)、五个监测站(除了主控站和 3 个注入站都设有监测站外,另一个设在夏威夷)。

(三)GPS 信号接收机(用户设备部分)

利用 GPS 进行导航和定位的用户需要有 GPS 信号接收处理设备,即 GPS 信号接收机和相应的数据处理软件。按照功能的不同,GPS 信号接收机可分三类:导航型、测地型、授时型。各种类型的接收机,从结构上一般都包括天线单元和接收单元两部分。

二、其他卫星定位系统

自20世纪70年代初，前苏联国防部就提出了全球导航卫星系统(GLONASS)的方案设想，于1978年开始发射自己的全球导航卫星系统实验卫星，在20世纪90年代中期建成GLONASS工作卫星，星座由21颗工作卫星和3颗备用卫星组成。建设耗资40多亿美元。系统星座分布在3个轨道面上。GLONASS在系统组成、定位测速原理等方面类似于GPS，但在一些具体技术体制上与其存在一定的差别。GLONASS可提供军民两种导航定位服务，民用精度50m左右，军码精度与GPS相当。GLONASS的民用市场应用程度远不及GPS，但其军码系统已在其武器装备中普遍使用。

由于俄罗斯近年来经济不景气，系统补网不及时，随着星座中卫星寿命到期失效，到2002年8月只有5颗卫星在轨工作了。其中3颗(1组)为2000年10月发射，2颗为2001年12月发射。目前，从高技术战争需要出发，俄罗斯已下决心恢复和进一步发展该系统。俄政府于2001年8月20日通过了第587号"全球导航系统"联邦专项规划，明确了在2005年前恢复系统正常工作，并制定了2010年前GLONASS发展的详细计划。

欧洲空间局也正在筹建民用卫星导航系统(即GALILEO计划)。于1992年2月提出，拟于2008年建成，计划投资约28亿美元，系统星座由分布在3个轨道面上的30颗卫星组成，是欧盟15个国家参与建设的民用商业系统。GALILEO系统提供3种类型服务，即：面向市场的免费服务，定位精度12～15m；商业服务，定位精度5～10m；公众服务，定位精度4～6m。其中后两种服务是受控和收费服务。欧盟寻求与俄罗斯和中国合作，希望分担其部分经费，以其产品占领市场。GALILEO系统空间段由30颗(其中3颗为在轨备份)均匀分布在高度23 616km、倾角56°的3个圆轨道面上的中圆轨道(MEO)卫星组成，星上装有导航和搜救载荷。地面段与GPS和GLONASS相比，增加了对系统差分、增强与完好性监测，使得GALILEO具有比上述两个系统更高的定位精度、可用性和更好的连续性。因此，GALILEO可以满足航空、道路交通管理等与人身安全紧密相关的应用要求。

我国也建立了拥有自主知识产权的全球卫星导航系统(Compass Navigation Satellite System)——北斗卫星导航系统。2000年以来，我国已成功发射了3颗"北斗导航实验卫星"，建成北斗导航试验系统。这个系统具备在中国及周边地区范围内的定位、授时和GPS广域差分功能，并已在测绘、电信、水利、交通运输、渔业、勘探、森林防火和国家安全等诸多领域发挥重要作用。

我国正在建设的北斗卫星导航系统由5颗静止轨道卫星和30颗非静止轨道卫星组成，提供两种服务方式，即开放服务和授权服务。开放服务是在服务区免费提供定位、测速和授时服务，定位精度为10m，授时精度为50ns，测速精度为0.2m/s。授权服务是向授权用户提供更安全的定位、测速、授时和通信服务以及系统完好性信息。

2007年初我国又发射了两颗北斗导航卫星，2008年前后满足我国及周边地区用户对卫星导航系统的需求，进行系统组网和试验，逐步发展成全球卫星导航系统。

第四节　GPS定位技术

一、GPS定位技术的基本原理

（一）基本原理

在进行平面测量中，观测一未知点到两已知点的距离可以交会未知点的坐标(x,y)，在空间里，观测一未知点到三个已知点的距离可以交会出该点的坐标(x,y,z)。GPS定位测定卫星到测站距离，恰恰运用了这一点。如图3-3，设由卫星S_1至测站P的距离为$\tilde{\rho}_1$，则P在以S_1为圆心，$\tilde{\rho}_1$为半径的球面上。同理，P在以S_2为中心，以$\tilde{\rho}_2$为半径的球面上，也在以S_3为中心，以$\tilde{\rho}_3$为半径的球面上。三个球面的交点就是P。

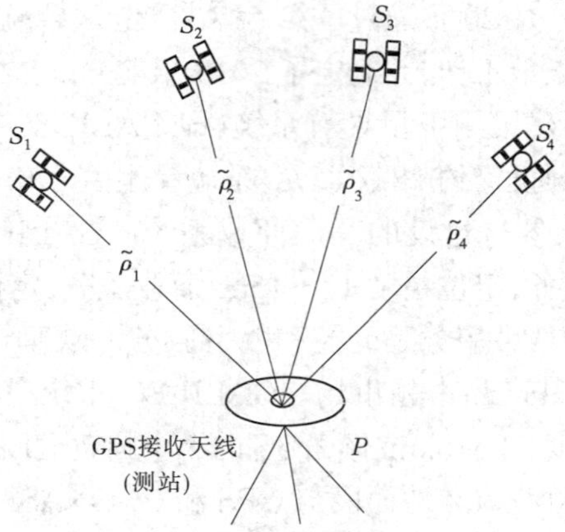

图3-3　GPS定位几何原理

（二）伪距法定位原理

卫星根据自己的星载时钟发出含有测距码的调制信号，经过Δt时间的传播后到达接收机，此时接收机的伪随机噪声码发生器在本机时钟的控制下，又产生一个与卫星发射的测距码结构完全相同"复制码"。通过机内的可调延时器将复制码延迟时间τ，使得复制码与接收到的测距码"对齐"，如图3-4。在理想情况下，时延τ就等于卫星信号的传播时间Δt，将传播速度c乘以时延τ，就可以求得卫星至接收机的距离$\bar{\rho}$：

$$\bar{\rho} = c \times \tau \tag{3-1}$$

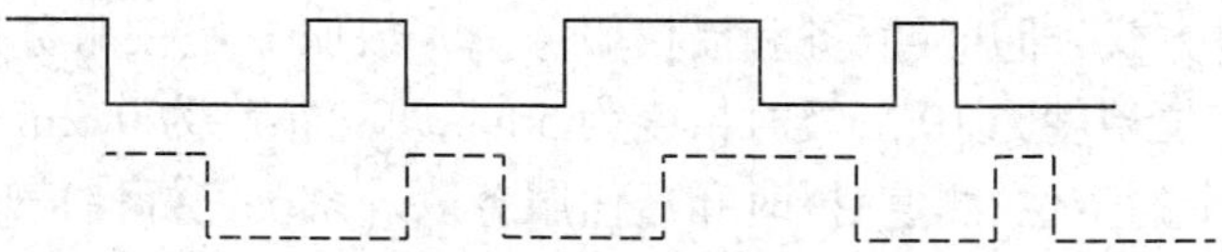

图3-4　伪距法定位原理

考虑到卫星时钟和接收机时钟不同步的影响，电离层（高度在 50～1 000km 的大气层）和对流层（高度在 50km 以下的大气层）对传播速度的影响，故将 $\bar{\rho}$ 称做伪距。真正距离 ρ 和伪距之间的关系式为：

$$\rho = \bar{\rho} + \delta\rho\text{ion} + \delta\rho\text{tron} - cv_{ta} + cv_{tb} \tag{3-2}$$

式中 $\delta\rho\text{ion}, \delta\rho\text{tron}$——表示电离层和对流层的折射改正；

v_{ta}, v_{tb}——表示卫星时钟的钟差改正和接收机的钟差改正。

（三）载波相位测量法定位原理

载波相位测量的观测量是 GPS 接收机所接收的卫星载波信号与接收机本振参考信号的相位差。以 $\varphi_k^j(t_k)$ 表示 k 接收机在接收机钟面时刻 t_k 所接收到的 j 卫星载波信号的相位值，$\varphi_k(t_k)$ 表示接收机在钟面时刻所产生的本地参考信号的相位值，则 k 接收机在接收机钟面时刻 t_k 时观测 j 卫星所取得的相位观测量 $\phi_k^j(t_k)$ 为：

$$\phi_k^j(t_k) = \varphi_k^j(t_k) - \varphi_k(t_k) \tag{3-3}$$

接收机与观测卫星的距离为：

$$\rho = \phi_k^j(t_k) \times \lambda \tag{3-4}$$

通常的相位或相位差测量只是测出一周以内的相位值，在实际测量中，如果对整周进行计数，则自某一初始取样时刻 t_0 以后，就可以取得连续的相位观测量。

如图 3-5，在初始 t_0 时刻，测得小于一周的相位差为 $\Delta\varphi_0$，其整周数为 N_0^j，此时包含整周数的相位观测值 $\phi_k^j(t_0)$ 应为：

$$\phi_k^j(t_0) = \Delta\varphi_0 + N_0^j = \varphi_k^j(t_0) - \varphi_k(t_0) + N_0^j \tag{3-5}$$

接收机继续跟踪卫星信号，不断测得小于一周的相位差 $\Delta\varphi(t)$，并利用整波计数器记录从 t_0 到 t_i 时间内的整周数变化量 $\text{Int}(\varphi)$，只要卫星从 t_0 到 t_i 之间信号没有中断，则初始时刻整周模糊度 N_0^j 就成为一常数，这样，任一时刻 t_i 卫星到 k 接收机的相位差 ϕ_k^j 为

$$\phi_k^j = \varphi_k^j(t_i) - \varphi_k(t_i) + N_0^j + \text{Int}(\varphi) \tag{3-6}$$

（四）相对定位原理

相对定位原理是用两台接收机分别安置在基线两端，同步观测相同的 GPS 卫星，确定基线端点的相对位置或坐标差。若已知其中一点坐标后，可求得另一点坐标。同样，多台接收机安置在多条基线上同步观测相同卫星，可以确定多条基线向量。如图 3-6 所示。

在两个观测站或多个观测站同步观测相同卫星的情况下，卫星的轨道误差、卫星钟差、接收机钟差以及电离层和对流层的折射误差等观测量的影响具有一定的相关性。利用这些观测量的不同组合（求差）进行相对定位，可有效地消除或减弱相关误差的影响，提高相对定位的精度。

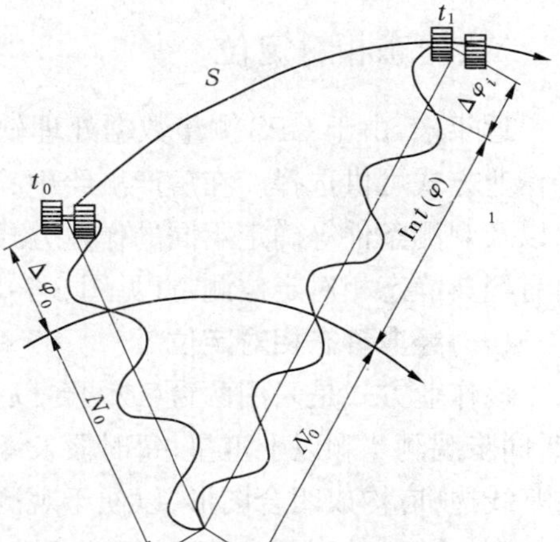

图 3-5　载波相位法定位原理

假设安置在基线端点的接收机 $T(i=1,2)$,对 GPS 卫星 s^j 和 s^k,于历元 t_1 和 t_2 进行了同步观测,则可得以下独立的载波相位观测量:$\varphi_1^j(t_1)$,$\varphi_1^j(t_2)$,$\varphi_1^k(t_1)$,$\varphi_1^k(t_2)$,$\varphi_2^j(t_1)$,$\varphi_2^j(t_2)$,$\varphi_2^k(t_1)$,$\varphi_2^k(t_2)$。在静态相对定位中,目前普遍应用的重要组合形式有单差、双差和三差。

单差,即不同观测站同步观测相同卫星所得观测量之差。其表达形式为:

$$\Delta\varphi^j(t) = \varphi_2^j(t) - \varphi_1^j(t) \tag{3-7}$$

双差,即不同观测站同步观测同一组卫星所得单差之差,其表达形式为:

$$\nabla\Delta\varphi^k(t) = \Delta\varphi^k(t) - \Delta\varphi^j(t) = [\varphi_2^k(t) - \varphi_1^k(t) - \varphi_2^j(t) - \varphi_1^j(t)] \tag{3-8}$$

三差,即于不同历元同步观测同一组卫星所得观测量的双差之差,其表达形式为:

$$\begin{aligned}\delta\nabla\Delta\varphi^k(t) &= \nabla\Delta\varphi^k(t_2) - \nabla\Delta\varphi^k(t_1)\\ &= [\varphi_2^k(t_2) - \varphi_1^k(t_2) - \varphi_2^j(t_2) - \varphi_1^j(t_2)] - [\varphi_2^k(t_1) - \varphi_1^k(t_1) - \varphi_2^j(t_1)\\ &\quad - \varphi_1^j(t_1)]\end{aligned} \tag{3-9}$$

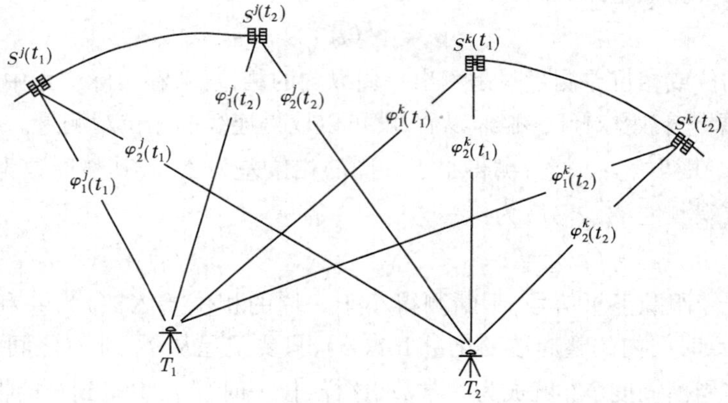

图 3-6 相对定位原理

二、静态相对定位

近年来,由于 GPS 测量数据处理软件系统的发展,使得确定两点间的相对位置有多种作业方式可供选择。在房产测绘中,主要根据 GPS 硬件和软件条件、测量目的、精度要求以及观测条件等确定不同的作业方式。目前,房产测绘中应用的静态 GPS 作业方式主要有经典静态相对定位测量(见图 3-7)和快速静态定位测量(见图 3-8)。

(一)经典静态相对定位

该作业方式是采用两台(或两台以上)接收设备,分别安置在一条(或多条)基线的端点,同步观测 4 颗以上卫星,每时段长 45 分钟至 2 小时或更长。这种作业方式所观测过的基线边,应构成闭合图形,以便于观测成果的检核,提高成果的可靠性和 GPS 网平差后的精度。基线长度可由 20km 至几百公里。基线的相对定位精度可达 $5\text{mm} + 10^{-6} \times D$,$D$ 为基线长度(km)。

经典静态相对定位作业方式适用于建立全球性或国家级大地控制网,建立地壳运动或工程变形监测网，建立长距离检校基线，进行岛屿与大陆联测及精密定位。

（二）快速静态定位

该作业方式是在测区的中部选择一个基准站，安置一台接收设备连续跟踪所有可见卫星，另一台接收机依次到各点流动设站，每个点上观测数分钟至十几分钟。该作业模式要求在观测时段中，必须要 5 颗卫星观测，同时流动站与基准站相距不超过 15km。接收机在流动站之间移动时，不必保持对所测卫星的连续跟踪，因而，可关闭电源以降低能耗。该作业方式速度快，精度高。流动站相对于基准站的基线中误差为 $5\text{mm}+10^{-6}\times D$。缺点是两台接收机工作时，构不成闭合图形，可靠性较差。

快速静态定位法适用于控制测量及其加密测量，工程测量、房产测量、地籍测量及相距较近的点位定位。

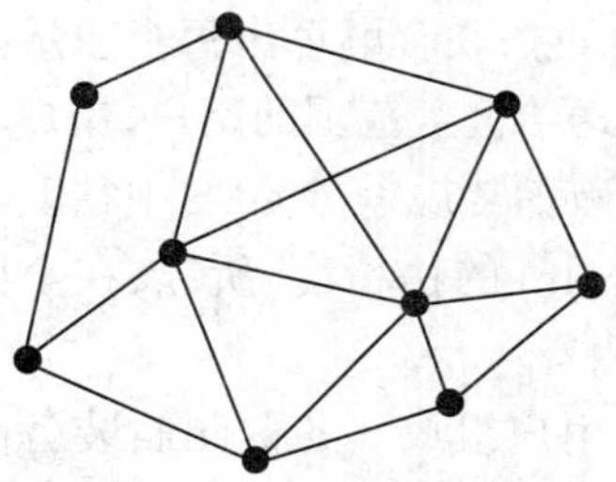

图 3-7 经典静态相对测量定位

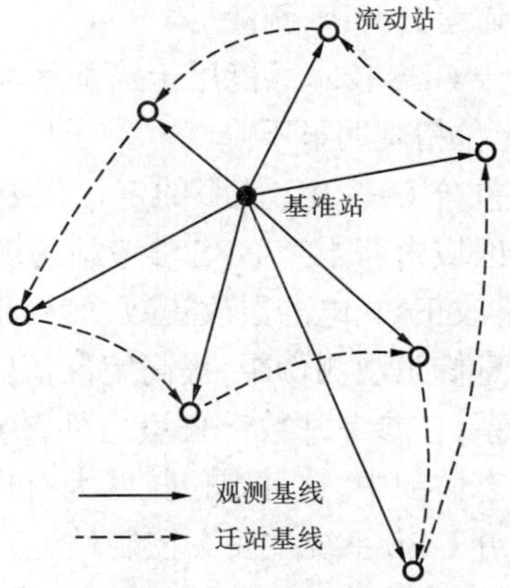

图 3-8 快速静态定位测量

三、动态相对定位

目前，房产测量中应用的动态相对定位技术主要有实时动态（RTK）、常规差分 GPS 和 PPK、广域差分 GPS。

（一）实时动态（RTK）测量技术

实时动态（RTK，Real Time Kinematic）测量技术是以载波相位测量为根据的实时差分 GPS 测量技术，是 GPS 测量技术发展中的突破。其他的 GPS 作业模式观测数据需在测后处理，不仅无法实时地给出观测站的定位结果，而且也无法对基准站和用户观测数据的质量进行实时的检核；而实时动态 GPS 测量是在基准站上安置一台 GPS 接收机，对所有可见的 GPS 卫星进行连续观测，并将其观测数据通过无线电传输设备，实时地发送给用户观测站。在用户观测站上，GPS 接收机在接收 GPS 卫星信号的同时，通过无线电接收设备接收基准站传输的观测数据，然后根据相对定位的原理，实时地计算并显示用户站的三维坐标及精度。

RTK 测量技术为 GPS 测量工作的可靠性和高效率提供了保障，对 GPS 测量技术的发展和普及具有重要的现实意义。根据用户的要求，目前实时动态测量采用的作业模式主要有快速静态测量、准动态测量、动态测量。

(二)常规差分 GPS 测量技术和 PPK 测量技术

常规差分 GPS 测量技术和 PPK 测量技术同属于伪距差分技术。常规差分 GPS 是在某一已知位置上建立一个参考站,在参考站上计算所有可见卫星的伪距改正数和改正数变化率,并将这些改正信息发布给附近用户,用户利用这些信息修正自己接收的观测伪距,从而提高定位高度。常规差分 GPS 的定位精度与用户至参考站的距离有关,精度的衰减率为 1cm/km,在 50km 之内,定位精度优于 1m。

PPK(Post - Processing Kinematic)模式是最早的 GPS 动态差分技术,其定位原理类似于常规差分 GPS,只是采用数据后处理,在参考站和流动站之间不需要建立无线电通信数据链。它的缺点和常规差分 GPS 一样,定位的精度受参考站和流动站之间的距离限制。

(三)广域差分 GPS 测量

常规差分 GPS 技术只能用于局部区域,当用户和参考站之间的距离增加时,空间相关性减弱,定位精度明显下降。

在广域差分 GPS 中,伪距的定位误差分三大类,即轨道误差、卫星钟差和电离层误差。根据大区域内若干个 GPS 参考站的观测资料和位置信息,联合解算出每个卫星的卫星钟差、轨道改正数、电离层改正数,然后将这些改正数发送给覆盖范围的用户,用户利用这些改正信息修正观测伪距,提高定位精度。这种方式打破了常规差分 GPS 中精度与距离的依赖关系,在参考站数千公里之外,仍然可以达到 2～4m 的伪精度,所以,在全国或省级土地动态监测中,这种定位技术大有作为。

广域差分 GPS 系统主要有控制站、监测站、通信链和用户组成。各监测站装备高质量的 GPS 接收机和时钟,将可见卫星的观测数据发送到控制站,控制站根据已知的监测站位置和观测数据,分别计算出卫星的轨道改正和电离层延时改正模型,然后将这些信息发布给用户。用户使用这些信息修正观测到的 GPS 数据,再计算出最后的定位结果。

四、GPS 定位新技术

“实时、高精度”一直是 GPS 定位技术的发展方向。2000 年在加拿大的多伦多,国际 GPS 服务组织(IGS)的年度研讨会正式提出了“IGS 实时化”的方向,为此 IGS 加快了产品服务的更新时间。现在,IGS 提供的卫星星历已经达到每 12 小时更新一次,部分 IGS 分析预报中心可以每 3 小时更新一次,到 2004 年底,IGS 正式提供 3 小时预报星历。另外,美国喷气推进实验室已经建立实时的全球 IGS 永久跟踪站,其他 IGS 数据中心也开始建立这样的跟踪站。随着这些实时 IGS 站的建立,未来 IGS 提供产品的速度加快,将会促进实时、高精度 GPS 技术的研究和推广。

近几年,在高精度 GPS 定位技术方面,出现了两种新的技术,即网络 RTK 技术和精密单点定位技术。随着新技术的不断完善,其应用范围不得扩大,将会改变原有的作业模式,大大提高工作效率和定位精度。

(一)网络 RTK

网络 RTK 技术也称“虚拟参考站技术”,20 世纪 90 年代后期,GPS 长距离快速精密定位方法出现突破,根据大区域 GPS 观测站的数据,卫星轨道误差和大气折射误差可以得到消除或削弱,模糊度参数的整周特性得到加强,导致了网络 RTK 系统的产生和发展。

网络 RTK 系统最为重要的功能是长距离高精度快速动态定位。其核心思想是:根据用户的位置,系统生成一个观测值,如同用户附近有一个虚拟的观测站;用户根据该观测值,采用常规的 RTK 方法,就能实现精密定位。

1. 网络 RTK 定位系统的组成

网络 RTK 定位系统由以下几部分组成:

(1)基准站单元:GPS 卫星定位数据和气象数据跟踪、采集、传输和设备完好性监测。

(2)数据通信系统:采用无线或有线方式,把基准站 GPS 观测数据和气象数据传输至监控分析中心。

(3)监控分析中心:数据处理、系统管理、服务提供。

(4)数据发播系统:采用互联网、GSM 或 FM 等方式,把原始 GPS 数据或差分改正信息发送给用户。

(5)用户应用系统:根据用户需求进行不同精度的定位。

2. 网络 RTK 定位系统提供的服务

(1)实时应用。以 FMHDS 技术或 UHF/VHF 作为主要的通信手段,其应用如下:

实时厘米级精度定位,技术上依靠高精度的载波相位差分实现(RTK),主要用于城市实时控制测量,实时小区域大比例尺测图与修测、工程放样和工程监测。

分米级精度定位,用于 GIS 更新或相应工程。

1~5 米级差分精度定位,用于船舶、车辆导航和车辆监控。

(2)事后应用。以 Internet 作为主要的数据传输手段,其应用主要有:

毫米级精度定位,主要用于精密控制、变形监测和精密工程。

厘米级精度定位,主要用于某些工程。

米级或亚米级事后差分,用于 GIS 数据更新。如道路更新,城市管线测量等。

在一个城市建立这样的网络 RTK 定位系统,基本上满足各种精度要求的定位测量。

(二)精密单点定位

精密单点定位技术(PrecisePoint - Positioning),也称 PPP 技术。是 1997 年后出现的新技术,是由美国喷气推进实验室提出的。该技术的定位原理同单点定位一样,其思路是:在定位中,误差主要源于轨道误差、卫星钟差和电离层延时。如果采用双频接收机,可以利用 LC 相位组合,消除电离层延时的影响。这样,定位误差只有轨道误差、卫星钟差两类。如果能够提供精确的卫星轨道和卫星钟差,利用观测得到的相位值,就能精确地计算出接收机位置和对流层延时等信息。

第五节　GPS 定位技术的实施

一、GPS 定位测量的基本观测量

由卫星定位的几何原理可知,若同时观测三颗卫星至测站的距离,便可交会出地面点

的位置。所以GPS观测，就是通过GPS信号测定卫星至测站的距离。GPS卫星信号含有多种定位信息，根据不同的要求可以从中获得不同的观测量，主要有以下几种：

(1)根据码相位观测得出的伪距；

(2)根据载波相位观测得出的伪距；

(3)由积分多普勒计数得出的伪距差；

(4)由干涉法测量得出的时间延迟。

其中最广泛采用的基本观测量是码相位观测量和载波相位观测量。

二、GPS定位测量的误差影响

GPS定位中出现的各种误差，按误差性质分为系统误差和偶然误差，其中系统误差无论从误差的大小还是定位结果的危害性都比偶然误差大得多，因此系统误差是GPS定位中的主要误差来源。GPS定位中出现的各种误差大体上可分为以下几种：

(1)与卫星有关的误差，如卫星星历误差、卫星钟的钟误差、相对论效应等；

(2)与信号传播有关的误差，如电离层折射、对流层折射、多路径误差；

(3)与接收机有关的误差，如接收机的钟差、接收机的位置误差。

对于这些误差影响的消除措施，一是加改正，建立合适的改正模型；二是利用其相关性，在观测值中间求差，削弱其影响；三是选择较好的硬件(如好的天线)和较好的观测条件。

三、GPS数据采集

GPS数据采集就是通常所说的野外测量作业工作。对于GPS野外作业一般分为以下几个步骤：

(一)准备工作

(1)选用合适的GPS信号接收机；

(2)GPS定位网的技术设计；

(3)观测计划的拟定；

(4)选择GPS作业模式；

(5)选择合适的站址。

(二)数据采集

数据采集工作主要包括：天线安置，观测作业和观测记录。

1.天线安置

正确地安置天线是实现精密定位的重要条件之一，其安置工作应符合下列要求：

(1)一般情况下，天线尽量利用脚架安置在标志中心的垂线方向上，直接对中。在特殊情况下，偏心观测时，归心元素应以解析法精确测定；

(2)需在觇标的基板上安置天线时，应先卸去觇标顶部，以防止对信号干扰。并将标石中心投影到基板上，作为安置天线的依据；

(3)GPS点上建有寻常标时，应在安置天线前，先放倒觇标或采取其他措施，防止干扰卫星信号；

(4)天线定向标志线应指向正北，顾及当地磁偏角影响后，定向误差不应超过±5°，以减弱相位中心偏差的影响；

(5)天线底板上的圆水准器气泡必须居中；

(6)雷雨天气安置天线时，应注意将其底盘接地，雷雨过境时应暂停观测，并卸下天线，防止雷击。

天线安置后，应在各观测时段的前后各量天线高一次，两次结果之差不应超过3mm，并取其中数。

所谓天线高，指天线的相位中心至测站点标志中心顶端的垂直距离。

2.观测作业

观测作业的主要任务是捕获GPS卫星信号，并对其进行跟踪、处理和量测，以获取定位信息和观测数据。观测要求如下：

(1)观测组必须按规定的时间作业，同步观测同一组卫星；

(2)经检查测站上各项连接无误，且接收机预置状态正确时，方可接通电源；

(3)每一观测时段，气象观测不少于2次，观测时段较长(超过60分钟)应适当增加观测次数；

(4)观测期间要严防人员和其他物体碰动天线和阻挡信号；

(5)测站全部作业完成后，方可迁站。

3.观测记录

GPS测量作业所获得的成果记录主要有以下两种形式。

①观测记录

观测记录由接收机自动完成，均记录在存储介质上，其主要内容包括：

a)载波相位观测值及相应的观测历元；

b)GPS卫星星历参数；

c)实时绝对定位结果；

d)测站控制信息及接收机工作状态信息。

②观测手簿

观测手簿是在接收机启动前及观测过程中，由作业人员随时填写的。其格式和内容如表3-9所示。具体要求见《全球定位系统(GPS)测量规范》。

(三)观测成果的检核

观测成果的外业检核是确保外业观测质量，实现预期定位精度的重要环节。所以，在外业观测结束后，必须在测区检核数据质量，以便及时发现不合格的成果，并根据情况采取补测或重测措施。

四、GPS数据处理

GPS接收机采集的数据是接收天线至卫星的距离和卫星星历等数据，而不是常规测量技术所得到的角度、距离和高差等。因此要得到有实际意义的定位信息，还必须进行一系列的处理。

GPS测量数据处理可以分为观测值的粗加工、预处理、基线向量解算(相对定位处理）和 GPS 基线向量网与地面网数据的联合处理等基本步骤。粗加工是将接收机采集的数据通过传输、分流、解译成相应的数据文件，并通过预处理将各类接收机的数据文件标准化，形成平差计算所需的文件。粗加工和预处理的主要目的是净化观测值，提高观测值的精度。基线向量解算是利用预处理后的数据求解接收机所在测站之间的坐标差，提供 GPS 基线向量网平差的观测值。经过一系列处理，各类数据文件化后就可以调用平差程序进行计算。目前商用 GPS 基线向量网平差程序为 Geolab 软件包。平差计算完毕后，还应对成果进行分析，剔除一些粗差，对成果进行比较、检核，各项分析数据均满足网的设计精度要求时，平差成果可以交付使用。

表 3-9　C、D、E 级 GPS 测量手簿

点号		点名		图幅编号	
观测员		日期段号		观测日期	
接收机名称及编号		天线类型及其编号		存储介质编号 数据文件名	
近似纬度	° ′ ″ N	近似经度	° ′ ″ E	近似高程	m
采样间隔	s	开始记录时间	h　min	结束记录时间	h　min
天线高测定		天线高测定方法及略图		点位略图	
测前：　　测后： 测定值______　__________ m 修正值______　__________ m 天线高______　__________ m 平均值______　__________ m					
时间(UTC)	跟踪卫星号(PRN)及信噪比	纬度 (° ′ ″)	经度 (° ′ ″)	大地高 (m)	天气状况
记事					

第六节　GPS 定位在房产测量中的应用

一、概述

房地产测量主要是采集和表述房屋和房屋用地的有关信息，为房产产权、房籍管理、房地产开发利用、征收税费，以及城镇规划建设提供测量数据和资料。房地产测量一般只测定房产要素的平面位置，对高程要求不高。由于房地产的法律性和经济性，房产图必须保证其准确性和现实性。GPS作为一种新兴的高精度的定位工具，随着我国房地产测量工作的全面开展，已普遍用于建立房产平面控制网，也用于测定房产界址点、房角点和某些房产要素的位置。GPS在房地产测量方面的应用与一般GPS控制网测量在主要技术上没有什么不同，都是采用载波相位测量相对定位，但二者又各有其特点。GPS控制网的主要特点是边长较长、定位精度要求高，其主要目标是精度。因此，GPS网必须采用闭合图形构成连续网，在每一个观测站要观测几个时段，每个时段要观测较长时间(1～2h)，以便获取较多的多余观测，改善观测卫星的几何结构，提高解算整周模糊度和定位结果的精度。而一般房地产测量，其边长较短，定位精度要求不很高，效率往往成为主要问题。另外，房地产测量上的GPS点一般在城市高级点控制下布测，其布测图形较灵活，定位方法广泛采用快速定位法。

二、GPS房地产平面控制网的布设

房地产平面控制网为满足房产测绘控制的需要而布设，一般在国家或城市一、二、三、四等控制网下加密一、二、三级房产控制点。当测区内没有高级控制网或原有控制网不符合《房产测量规范》规定的相应等级的精度要求时，则另行布设相应等级的全面网或对原有的老网进行全面改造。目前GPS测量能满足各等级房产平面控制网的精度要求，故完全可以应用GPS技术进行房产控制测量。各等级GPS相对定位测量的主要技术要求应符合表3-10的规定。

表3-10　各等级GPS相对定位测量的技术指标

等级	卫星高度角(°)	有效观测卫星总数	时段中任一卫星有效观测时间	观测时段数	观测时段长度	数据采样间隔	点位几何图形强度因子
二等	≥15	≥6	≥20	≥2	≥90	15～60	≤6
三等	≥15	≥4	≥5	≥2	≥10	15～60	≤6
四等	≥15	≥4	≥5	≥2	≥10	15～60	≤8
一级	≥15	≥4		≥1		15～60	≤8
二级	≥15	≥4		≥1		15～60	≤8
三级	≥15	≥4		≥1		15～60	≤8

在原有控制网基础上加密的GPS网，可采用闭合或附合线路，并尽量和本区域的高等级控制点重合，以便较好地把新网同老网匹配好，避免控制点误差的传递。线路中包含的基线边数量应符合表3-11的规定。对于全面布设的GPS网，宜采用三角形网、环形网或它们的混合网，以保证网的精度和可靠性。并考虑联测一定数量的常规大地测量控制点，使GPS定位成果能转换到国家或地方坐标系中。此外，在GPS测量选点发生困难的地方，可考虑用GPS和经典大地测量组成混合网。房产要素和碎部测量普遍应用星形布网，既能满足精度要求，又能保证作业效率。

表 3-11　闭合环或附合路线的边数的规定

等级	二等	三等	四等	一级	二级
边数	≤6	≤8	≤10	≤10	≤10

三、GPS 房地产测量作业模式

在表 3-10 中，除二等网需采用经典静态相对定位，其他各等级网均可采用快速定位法。目前，在 GPS 接收系统硬件和软件的支持下，较为普遍采用的快速定位作业模式主要有快速静态相对定位、准动态相对定位、往返式重复设站、动态相对定位和 GPS 实时动态测量等。实际工作中，可根据作业特点和要求以及设备条件来选用。经典静态相对定位在前面已述及，下面简要介绍各种快速定位作业模式。

（一）快速静态相对定位

在测区中部选择一个基准站，并安置一台接收机连续跟踪所有可见卫星；另一台接收机依次到各点流动设站，每点观测数分钟。在观测时段内应确保有 5 颗以上卫星可供观测；流动点与基准点相距应不超过 20km；流动站上的接收机在转移时，不必保持对所测卫星连续跟踪，可关闭电源以降低能耗。其测得流动站相对于基准站的基线中误差为 $5mm + 1 \times 10^{-6} D$；作业速度快、精度高、能耗低，但两台接收机工作时，构不成闭合图形，可靠性较差。可用于相应等级房产平面控制网的建立及其加密、界址点测定等。

（二）准动态相对定位

在测区选择一个基准点，安置接收机连续跟踪所有可见卫星；将另一台流动接收机先置于起始点观测数分钟，以便快速确定整周模糊度。在保持对所测卫星连续跟踪而不失锁的情况下，将流动接收机依次在各点观测 3～5s，其测得基线的中误差一般为 1～2cm。在观测时段内应确保有 5 颗以上卫星可供观测；流动点与基准点距离不超过 20km；观测过程中流动接收机不能失锁，否则应在失锁的流动点上延长观测时间 1～2min。该模式适用于开阔地区的房产平面控制网加密、碎部测量等。

（三）往返式重复设站

建立一个基准点安置接收机连续跟踪所有可见卫星；流动接收机依次到每点观测 1～2min；1h 后逆序返测各流动点 1～2min。测得基线中误差为 $5mm + 1 \times 10^{-6} D$。要求流动点与基准点相距不超过 20km，基准点上空开阔，能正常跟踪 3 颗及以上的卫星。可用于相应等级房产平面控制网的建立及其加密、界址点测定等。

（四）动态相对定位

建立一个基准点安置接收机连续跟踪所有可见卫星；流动接收机先在出发点上静态观测数分钟；然后流动接收机从出发点开始连续运动；按指定的时间间隔自动测定运动载体的实时位置。测得流动站相对于基准点的瞬时点位精度 1～2cm。要求同步观测 5 颗卫星，其中至少 4 颗卫星要连续跟踪；流动点与基准点相距不超过 20km，主要用于碎部测量。

（五）GPS 实时动态测量

实时动态（Real Time Kinematic，RTK）测量系统，是 GPS 测量技术与数据传输技术相结合而构成的组合系统。它是 GPS 测量技术发展中的一个新突破,1～2s 内的定位精度可达厘米级,为 GPS 测量工作的可靠性和高效率提供了保障,对 GPS 测量技术的发展和普及具有重要的现实意义。不过,目前这一测量系统的应用,也明显地增加了用户的设备投资。

RTK 测量技术,是以载波相位观测量为根据的实时差分 GPS 测量技术。其基本思想是,在基准站上安置一台 GPS 接收机,对所有可见 GPS 用卫星进行连续地观测,并将其观测数据通过无线电传输设备,实时地发送给用户观测站。在用户站上,GPS 接收机在接收 GPS 卫星信号的同时,通过无线电接收设备,接收基准站传输的观测数据,然后根据相对定位的原理,实时地计算并显示用户站的三维坐标及其精度。

在 GPS 静态、快速静态、准动态和动态相对定位等作业模式中,如果不与数据传输系统相结合,其定位结果均需通过观测数据的测后处理而获得。由于观测数据需在测后处理,所以上述各种测量模式,不仅无法实时地给出观测站的定位结果,而且也无法对基准站和用户站观测数据的质量进行实时地检核,因而难以避免在数据后处理中发现不合格的测量成果,需要返工重测的情况。过去解决这一问题的措施,主要是延长观测时间,以获取大量的多余观测量,来保障测量结果的可靠性。但这样一来,便显著降低了 GPS 测量工作的效率。

在 RTK 测量中,通过实时计算的定位结果,可监测基准站与用户站观测成果的质量和解算成果的收敛情况,从而可实时地判定解算结果是否成功,以减小冗余观测,缩短观测时间,提高作业效率。

目前 RTK 测量采用的作业模式主要有快速静态测量、准动态测量。动态测量,前两种模式广泛用于房地产测量,能实时测定房产用地界址点及一些地物点的位置并能达到要求的厘米级精度。将 GPS 获得的数据处理后直接录入 GIS 系统,可及时精确地获得房产图。但在 GPS 卫星信号接收的遮蔽地带,应使用全站仪、测距仪、经纬仪等常规测量工具,采用解析法或图解法进行碎部测量。目前,RTK 测量系统的作业范围约在 20km 以内,随着数据传输设备性能和可靠性的不断完善和提高,数据处理软件功能的增强,它的作业范围将会不断扩大。

当今,GPS 正在越来越多的测量工作中得到应用,除了高精度的控制测量需采用 GPS 经典静态相对定位外,其他情况下普遍应用快速定位法,特别是应用 RTK 技术。目前,适用于 GPS 各种设备的 GPS 快速定位的实用软件已经成熟,并在不断完善,广泛应用快速定位法的技术条件已经具备。使用这种方法,在保证所需精度的前提下,将显著提高房地产测量的工作效率和经济效益。

思考题

1. 房产平面控制测量分几个等级?
2. 房产平面控制测量的测量方法有哪些?
3. 房产平面控制测量的精度要求有哪些?
4. 什么是全球定位系统? 由哪几部分组成? 目前的全球定位系统有哪些?

5. 简述 GPS 的定位原理。

6. GPS 定位系统的外业基本观测量有哪些?

7. GPS 定位技术外业数据采集注意哪些方面?

8. GPS 定位技术与常规测量技术相比,有哪些优缺点?

第四章　房产要素测量

第一节　概　述

房产要素测量的主要内容包括以下几个方面。

(一)界址测量

界址测量是指对界址点和界址线所进行的测量,最主要就是测定出界址点的坐标。

1. 界址点坐标的测量

界址点坐标测量所用到的起算点,应是邻近的基本控制点或高级界址点。界址点的测量方法,可采用极坐标法、交会法、支导线法、正交法等野外解析法测定。使用支导线方法测定界址点坐标时,导线边的边数应不超过三条,导线转折角应测左、右角,各测一测回。使用支导线法测量时,必须加强检测,以保证测量成果的准确性、可靠性。

界址点坐标可以单独进行测量,也可以在全野外数据采集时和其他房地产要素测量的同时进行测定。一级界址点应单独测量,测距使用Ⅰ级测距仪,测角使用 DJ_2 经纬仪,测距读至1mm,测角测至秒,最大测距不应超过200m,尺长改正与温度等气象改正数大于5mm时应改正。

2. 丘界线测量

如需要丘界线的边长时,则可直接用界址点的坐标反算求得。如没有界址点的坐标时,可采用测距仪或钢尺进行丈量,将丘界测量结果标示在房产分丘图上。对于不规则的弧形丘界,可按折线分段计算或分段丈量,并将其折线分段标注于分丘图上。

(二)境界测量

对于行政境界的测量,主要包括国界线及各级行政区划界线、特殊地区界线和保护区界线的测绘。测绘国界要根据国家正式签定的边界条约或有关边界的正式文件精神测定,国界线上的界桩点应按坐标值展绘,注出编号,并尽量注出高程。国内各级行政区境界应根据勘界协议,有关文件精神准确测绘,按坐标值展绘。其成果主要有:

(1)界桩登记表;

(2)界桩成果表;

(3)边界点位置和边界线走向说明;

(4)边界协议书及附图;

(5)各级行政区域和特殊地区及保护区界线详图集部分。

在收集和使用上述成果时,要特别注意更新与修测的成果资料,同时还应该注意上述成果资料的批准部门和批准时间。

境界线分已定界和未定界两种情况,描绘时应按实际情况用不同的符号进行描述。房地产测绘工作人员将各级境界线描述或测绘至房产分幅图上或分丘图上,并使房地产测绘成果与其保持一致，不得产生矛盾。

（三）房屋及其附属设施测量

1.房屋的测量

进行房屋的测量时，应逐幢测绘，对于不同产别、不同建筑结构、不同层数的房屋应分别测量和表示。房屋按外墙勒脚以上墙角为准，依水平投影进行测量。在测量房屋四面墙体外侧或测量房屋墙角点坐标时，应标明房屋墙体的归属。

2.房屋附属设施的测量

(1)有柱走廊：应按柱子的外围为准进行测绘；

(2)无柱走廊：应按围护结构外围或外轮廓的投影进行测绘；

(3)架空通廊：应按围护结构的外围进行测绘；

(4)门廊：应以柱或围护物的外围进行测绘；

(5)挑廊和阳台：均以围护结构外围为准，围护结构不规则的或难以确定的，以底板投影为准进行测绘；

(6)独立柱和单排柱的门廊、雨棚、货棚、车棚、站台：此时均应以顶盖的投影为准，并测绘出柱子的位置；

(7)门墩、台阶：均以外围投影为准进行测绘；

(8)门顶：应以顶盖的投影为准进行测绘；

(9)室外楼梯：应以外围投影为准进行测绘。

3.房角点测量

房角点的测量与界址点的测量相同，房角点的类别代码为4。房角点测量，可在墙角设置标志，也可以不设标志，可以房角外墙勒角以上(100±20)cm处的墙角为测点，测定其坐标。正规的矩形房屋，可直接测定房屋的三个房角点的坐标，另一个房角点的坐标可通过计算求出。

4.独立地物测量

对于独立地物的测量，应根据地物的几何图形测定出定位点的位置。

(1)亭：应以柱子的外围为准进行测绘；

(2)塔、烟囱、罐：应以底部外围轮廓为准进行测绘；

(3)水井、消火栓：应以该地物的中心为准进行测绘。

（四）陆地交通、水域测量

1.铁路、道路、桥梁的测绘

(1)铁路：应以两铁轨外沿为准进行测绘；

(2)道路、公路：应以两边路沿为准进行测绘；

(3)桥梁：应以桥头和桥身的外围投影为准进行测绘。

2.水域的测绘

(1)河流、湖泊、水库等水域：均应以岸边线为准进行测绘；

(2)沟渠、池塘：均应以坡顶为准进行测绘。

第二节 房产界址点及建筑物房角点测量

房产界址点，简称界址点或拐点，即是房屋用地界线的转折点处设置的界桩点。每一丘的位置、形状、面积、界线和它们之间的关系，都是通过界址点的测设来实现的。同时，通过界址点坐标，可以获得房地产数量及房地产的质量等级状况，因此界址点及房角点是房地产测量中最主要的测量工作。

一、界址点精度

《房产测量规范》中规定，房产界址点的精度分三级，各级界址点相对于邻近控制点的点位误差和间距超过 50m 的相邻界址点间的间距误差不超过表 4-1 的规定；间距未超过 50m 的界址点间的间距误差限差不应超过式(4-1)的计算结果。

$$\Delta D = m_j + 0.02 m_j D \tag{4-1}$$

式中 m_j——相应等级界址点规定的点位中误差，m；

D——相邻界址点间的距离，m；

ΔD——界址点坐标计算的边长和实量边长较差的限差，m。

表 4-1 界址点的精度要求

界址点的等级	界址点相对于邻近控制点点位误差和相邻界址点间的间距误差限制	
	限差(m)	中误差(m)
一	±0.04	±0.02
二	±0.10	±0.05
三	±0.20	±0.10

通常情况下，对大中城市繁华地段的界址点和重要建筑物的界址点，一般要选用一级或二级，其他地区则可选用三级。例如城镇街坊的街面、中外合资企业、大型工矿企业及大型建筑物的界址点，一般选用一级或二级；而街坊内部隐蔽地区及居民区内部的界址点，则可选用三级。

一个房屋用地地块内的界址点原则应选用同一等级，但由于测量的野外条件有时从技术上限制了界址上点的施测，因此允许存在一个地块内选用两个等级的界址点。

此外，采用比三级界址点精度更低的界址点，可视为等外界址点，等外界址点不能作为实测房地产面积的资料。在进行城市房地产基础测绘时界址点等级的选用，应根据房屋用地的等级在测绘技术设计书中作出明确的规定。在产权管理测绘中，也可由房地产主管部门或用户根据实际需要协商决定。

二、界址点的标定、埋设及标志种类

1.界址点的标定

为了准确划定房屋用地界线，确定权属界线，计算房屋用地面积，减少用地纠纷，必须

很慎重地做好界址点的确定工作。在确界时,必须由相邻双方指界人到现场指界。单位使用的土地和房屋,要由单位法人代表出席指界;组合丘用地,要由该丘各户共同委派的代表指界;房屋用地人或法人代表不能亲自出席指界时,应由委托的代理人指界,并且均需出具身份证明或委托书。法人代表身份证明书如表 4-2 所示。指界授权委托书如表 4-3所示。经双方认定的界址,必须由双方指界人在房屋用地调查表上签字盖章。

表 4-2　法人代表身份证明书

同志,在我单位任　　　　职务,系我单位法人代表,特此证明。 单位全称(盖章) 年　月　日

表 4-3　指界授权委托书

县(市、区)房地产管理局: 今委托　　　同志(性别:　　年龄:　职务:　　)全权代表本人出席　区　街　号房屋用地权属界线现场指界。 委托人(盖章) 单位(盖章) 委托代理人(盖章) 委托日期　　　年　月　日

2.界址点的埋设及标志种类

界址点的位置,应在权属调查确定界址线的同时通过规定的法定程序标定。所有界址点均应埋设标志,并记载标石类型和方位。无法埋设界标的,应在建筑物上以红漆注记界址点符号,示意界址点位置,并在调查表中注明墙中线、墙外或墙内。对提供不出证据或有争议的应根据实际使用范围标出争议部位,按未定界处理。

界标的种类大致有混凝土界址标桩、带铝帽的钢钉界址标桩、石灰桩、带塑料套的钢棍界址标桩及喷漆标志等几种。

图 4-1 为地面上埋设的用混凝土浇筑而成的界址标桩,其尺寸如图所示,顶部中心用铝合金或其他金属材料制成,圆直径为 30mm。十字线中心钻一小孔,直径为 1.5mm,小

孔中心表示界址点的精确位置。图 4-2 为地面上埋设的用石灰浇筑而成的界址标桩,其高度为 500～700mm,宽度为 30～50mm。图 4-3 为路上用带塑料套的钢棍界址标桩,主要适用于房角或墙角浇筑。图 4-4 为带铝帽的钢钉界址标桩,主要适用于坚硬地面上钉设。

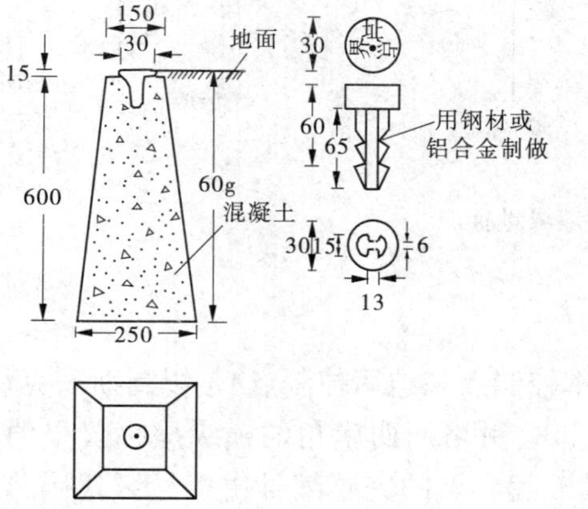

图 4-1　混凝土浇筑成的界址标桩　（单位:mm）

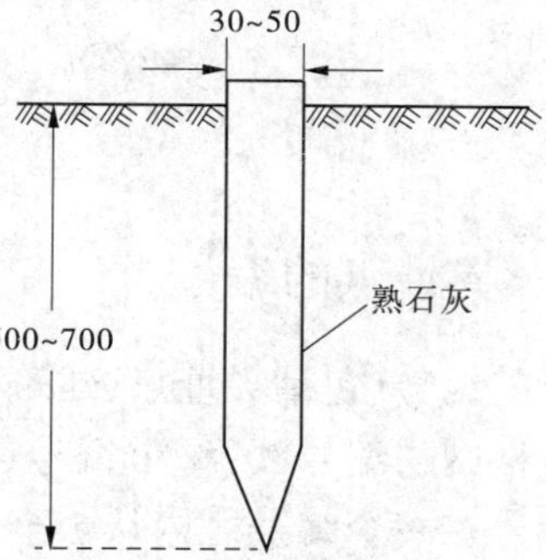

图 4-2　石灰浇筑成的界址标桩　（单位:mm）

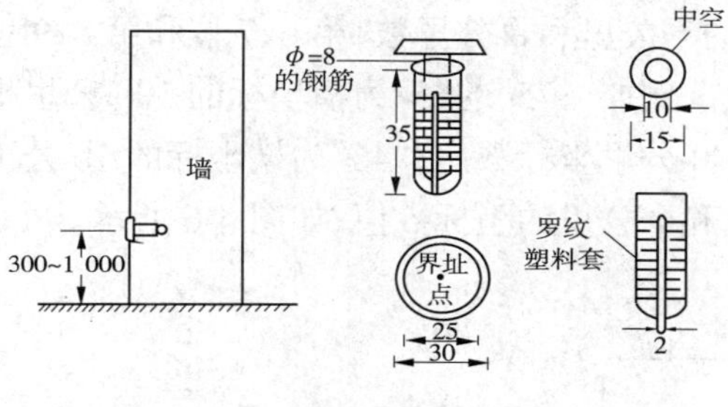

图 4-3　带塑料套的钢棍界址点标桩

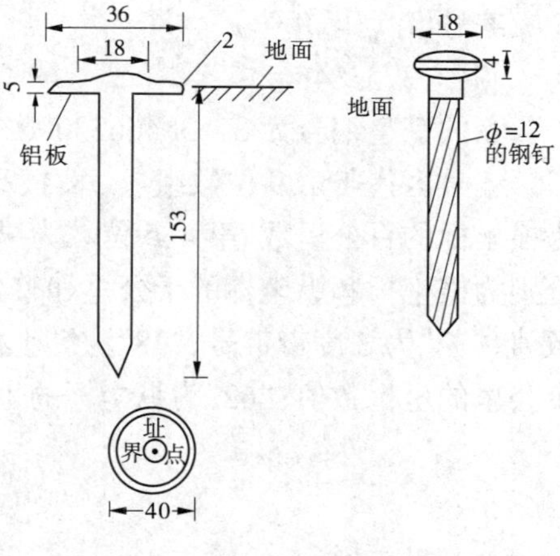

图 4-4　带铝帽的钢钉界址点标桩

选用哪一种界标,应根据各地的具体情况而定,一般在较为空旷地区的界址点和占地面积较大的机关、团体、企业、事业单位的界址点,应埋设预制混凝土界址标桩或现场浇筑混凝土界址标桩。在坚硬的路面或地面上的界址点,应钻孔浇筑钉设带铝帽的钢钉界址标桩。泥土地面也可埋设石灰桩。在坚固的房墙(角)或围墙(角)等永久性建筑物处的界址点,应钻孔浇筑带塑料套的钢棍界址标桩,也可设置喷漆界址标志,如图 4-5 所示。

埋设界址点标桩时,应先在坑底填以砂石,并整平夯实。标石埋稳后,周围的土也应夯实,以防界标位移和倾斜。桩端露出地面约 0.2m,桩号字样朝向用地范围外面。埋设后的界标应稳固、耐久、顶面水平。埋设墙上界址标桩时,界址钉须露出墙体外 1.0mm 左右,并用红漆在点位旁以箭头指示,使之醒目易找。在喷漆界址标志时,喷漆应尽量浓一点,以免时间长久后漆被雨水风化。

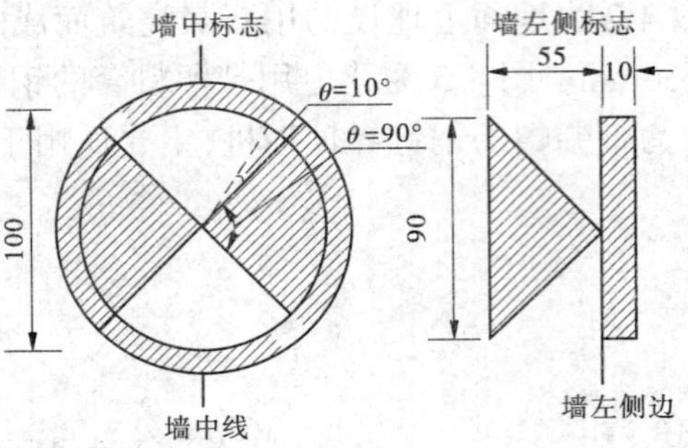

图 4-5　喷漆界址标志

三、界址点的编号

点的编号(包括界址点、建筑物角点、基本控制点和地籍控制点)是以高斯—克吕格的整公里格网为编号区,每个编号区的代码以该公里格网西南角的横纵坐标公里值表示。点的编号在一个编号区内从 1 至 99999 连续顺编。点的完整编号由编号区代码、点的类别代码、点的编号三部分组成,编号形式如下:

×××××××××	×	×××××
编号区代码(9 位)	点的类别代码(1 位)	点的编号(5 位)
例:　375384662	3	00028

点的完整编号为 375384662300028

编号区代码由 9 位数组成,第 1、2 两位数为高斯坐标投影带的带号或代号,第 3 位数为横坐标的百公里数,第 4、5 位数为纵坐标的千公里和百公里数,第 6、7 位和第 8、9 位数分别为横坐标和纵坐标的十公里和整公里数。例如“375”的“5”为横坐标的 100 公里坐标数值,“37”为 3 度带带号;“38”为纵坐标的 100 公里坐标数值;“46”为横坐标的 10 公里和个公里的坐标数值;“62”为纵坐标的 10 公里和个公里的坐标数值;如图 4-6 所示。

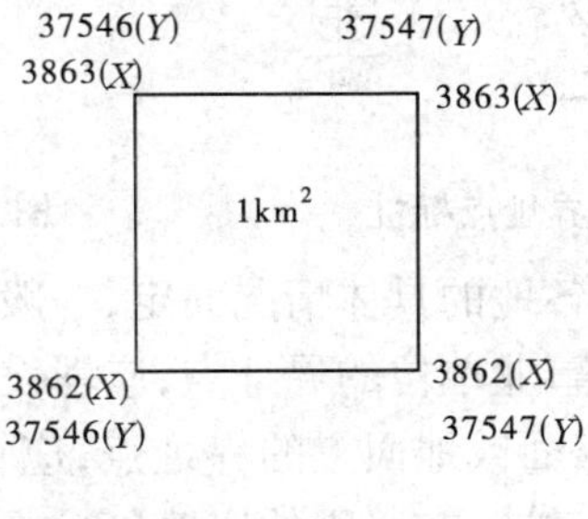

图 4-6　编号区

编号区代码为:375 38 46 62(共 9 位)

点的类别代码用 1 位数字表示,其中:

1——基本控制点,包括一、二、三、四等平面控制点。

2——地籍控制点,包括一、二、三级地籍平面控制点。

3——界址点,包括一、二、三级界址点。

4——建筑物角点,包括各级精度测定坐标的建筑物角点。

点的编号用 5 位数字表示,从 1～99999 连续顺编。

点的完整编号由 15 位数字组成。

根据各地具体情况,为了方便,界址点的编号有时也以丘号的编立单元进行统一编号,在同一编号单元内,则按从北到南、从西到东逐丘顺序编号,同一丘内的界址点则按顺时针顺序编号,各界址点编号前冠以大写字母"J"注记。

当以图幅为单元编号时,对于跨图幅丘的界址点的编号,仍按界址点所在的图幅编号。

四、界址点成果表

界址点外业测量结束后通过内业平差计算得出各界址点坐标成果。对界址点一般应以编号单元为单位编制成果表,格式见表 4-4。

表 4-4 界址点成果表

编号单元(房产分区号或图幅号)

丘号	界址点编号	标志类型	等级	坐标		间距	点位说明
				X	Y		

测绘单位:　　填表者:　　检查者:　　填表日期　　年　　月

表中标志类型据实填写"混凝土、石灰、钢筋、钢棍、喷涂"等,间距为同一权属界线上相邻界址点之间的距离;点位说明,主要对界标进行说明,有时也可说明界址点与相对地物的相对关系。

五、界址点、建筑物角点的测量方法

界址点测量应从邻近基本控制点或高级界址点起算,以极坐标法、边长交会法或正交法等野外解析法测定,也可在全野外数据采集时和其他房地产要素同时测定。界址点的坐标一般应有两个不同测站点测定的结果,取两成果的中数作为该点的最后结果。对间距很短的相邻界址点应由同一条线路的控制点进行测量。需要测定丘界线边长时,应用预检过的钢尺丈量其边长,丘界线丈量精度应符合《房产测量规范》的规定,在较开阔的地方,可用测距仪或全站仪测定界线边长。也可由相邻界址点的解析坐标计算丘界线长度。对不规则的弧形丘界线,可按折线分段丈量。测量结果应标示在分丘图上,供计算丘面积及复丈检测之依据。界标地物测量,应根据设立的界标类别、权属界址位置(内、中、外)选用各种测量方法测定,其测量精度应符合《房产测量规范》的规定,测量结果应标示在分丘图上。界标与邻近永久性的地物宜进行联测。这里简要介绍几种测量方法。

(一)极坐标法

如图 4-7 所示,设 O 为测站点,A 为定向点,P 为待定点。在 O 点安置仪器,照准 A 点,读取定向点的方向值 L_O(通常配置为零),然后照准碎部点 P,读取碎部点的方向值

L_P,再测出 OP 之间的距离 D_{OP},

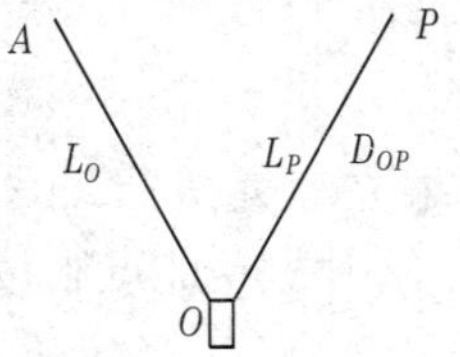

图 4-7　极坐标法

则:

$$\left.\begin{aligned} x_P &= x_O + D_{OP} \cdot \cos\alpha_{OP} \\ y_P &= y_O + D_{OP} \cdot \sin\alpha_{OP} \end{aligned}\right\} \quad (4\text{-}2)$$

其中,$\alpha_{OP} = \alpha_{AO} + (L_P - L_O) - 180°$为 OP 边的坐标方位角。

该法是测定界址点和"基本碎部点"的主要方法。当使用测角精度不低于 DJ_6 级的经纬仪和光电测距仪测定界址点或建筑物角点坐标时,角度和距离均测一测回。当使用 DJ_6 或优于 DJ_6 的经纬仪和钢尺测定界址点或建筑物角点坐标时,角度和距离均测一测回,但钢尺要经过检定,钢尺精度应优于 1/10 000,当尺长改正和尺长温度改正大于 1/10 000 时,丈量结果应进行改正。

测站点附近的界址点、建筑物角点均应进行观测,观测困难时,可直接量取距离,以便于检查和比较。

界址点和需要测定坐标的建筑物角点一般应有两个不同测站点测定的结果。对用两个不同测站点测定很困难的点,应通过一次独立的检核。

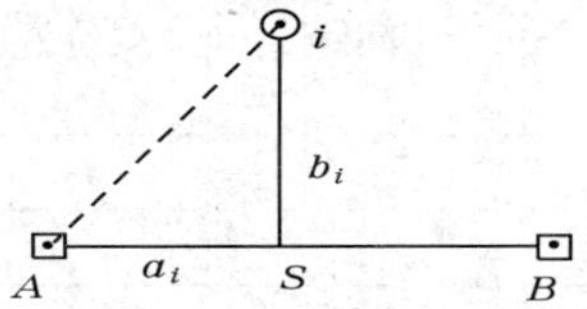

图 4-8　正交法

(二)正交法

如图 4-8 所示,已知 A、B 两点,欲测定碎部点 i。则以 A、B 为轴线,自碎部点 i 向轴线作垂线(垂足由直角棱镜或设角器定出),设以一个已知点为原点(图中 A 为原点),只要量出原点 A 至垂足S 的距离a_i 和各垂线长度b_i,就可确定 i 点的坐标。

$$\left.\begin{aligned} y_i &= y_A + D_i \cdot \sin\alpha_i \\ x_i &= x_A + D_i \cdot \cos\alpha_i \end{aligned}\right\} \quad (4\text{-}3)$$

$$D_i = \sqrt{a_i^2 + b_i^2}$$

$$\alpha_i = \alpha_{AB} \pm \arctan\frac{b_i}{a_i}$$

若所测碎部点 i 位于轴线 AB 方向的左侧时取"-",右侧时取"+"。用正交法测定界址点或建筑物角点的坐标时,直角棱镜和测距用的钢尺均应进行检定,对量测结果和直角距离进行有效的检查。

正交法测站点至三目标的距离不应大于一个尺长,即使用 30m 的钢尺量距时不大于 30m,使用 50m 的钢尺量距时不大于 50m。但不论使用何种钢尺量距,测站点至三目标的距离均不应超过 50m。

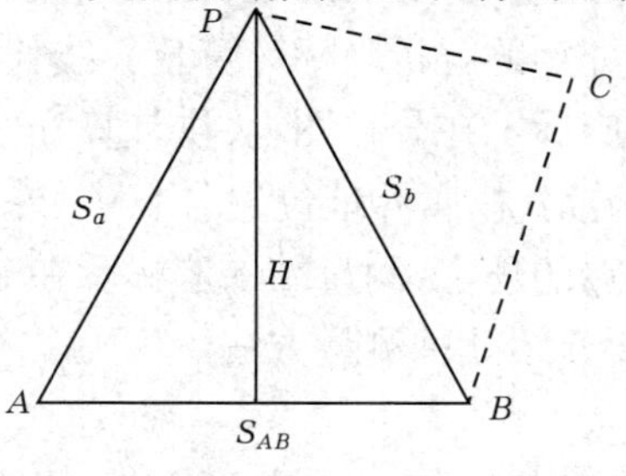

图 4-9　边长交会法

(三)边长交会法

由于目前电磁波测距仪已在测量工作中普遍采用,所以在图 4-9 中,A、B、C 三点的坐标已知,为了求出 P 点的坐标,测量边长 S_a 和 S_b 即可。但在工作中为了检核,同时也为了提高 P 点坐标的精度,通

常采用三边交会法。其中两条边是求 P 点坐标的,另外一条边作为检核。测边交会法可由以下公式算出:

$$\left.\begin{aligned} L &= \frac{S_a^2 + S_{AB}^2 - S_b^2}{2S_{AB}} \\ H &= \sqrt{S_a^2 - L^2} \\ x_P &= x_A + L(x_B - x_A)/S_{AB} + H(y_B - y_A)/S_{AB} \\ y_P &= y_A + L(y_B - y_A)/S_{AB} + H(x_B - x_A)/S_{AB} \end{aligned}\right\} \quad (4\text{-}4)$$

第三节　房产要素测量方法

房产要素测量的方法主要包括野外解析法测量、航空摄影测量、全野外数据采集法测量。

一、野外解析法测量

野外解析法测量指利用极坐标法、正交法或线交会法等方法,在野外对房产要素进行采集,画好草图,内业通过计算机处理编辑成图。但不论使用何种方法,必须要保证所测各点相对于房产平面控制点的点位中误差不超过 ±0.05m,最大限差为 ±0.10m,凡能达到此精度的方法都可采用。但当测定一级界址点时,则应按本节前面所讲的界址点坐标的测量有关要求进行,否则难以达到一级界址点所规定的精度。对一级界址点坐标的测量,一般应使用极坐标法或线交会法,不要使用正交法。

二、航空摄影测量

航空摄影测量指借助精密立体测图仪、解析测图仪、精密立体坐标量测仪等仪器,在室内对房产要素进行测绘,然后拿原图到野外进行地物要素的补调或补测,最后得到符合规范的房产图而进行的测量。

目前,用航空摄影的方法进行城市房地产测量,确实存在着许多不利因素,主要表现在:城市建筑物密集,高层建筑物越来越多,也越来越高,树木较多、较高。这些因素对航空摄影的质量造成了很大影响,也造成了很多阴影,这样就使得补测工作量加大;同时房屋的房檐改正的精度,也影响着航空摄影测量成果的质量。由于城市的上述复杂条件,使得航摄高度,也就是航摄比例尺受到限制。因此,航测成果的精度和效率都受到了限制,难以再提高。

但到目前为止,已有几个城市利用航测方法进行了大规模的房地产测量,并取得了较好的成果,也取得了许多有益的经验。因此,是否可采用航测方法进行城市房地产测量,各地应根据各城市自身的地理特点和需求,谨慎地进行选择。

三、全野外数据采集

全野外数据采集指利用全站仪、半站仪、电子平板、电子记簿等设备在野外进行数据采集，通过计算机屏幕编辑，得到数字图形。野外数据采集系统进行房地产要素测量和数据采集，是今后房地产测量的发展趋势和方向。利用全野外数据采集的方法，可以获得高质量的采集数据，可为房地产信息系统提供高质量的基础数据。

全野外数据采集宜使用精度不低于Ⅱ级的全站仪，其1km的测距中误差小于10mm，经纬仪精度不低于DJ_6，即其测角误差不大于±6″。观测时，水平角和垂直角读至0.1″或1″，测距读至1mm；最大距离一般不超过200m，施测困难地区可以适当放宽，但对超过200m的数据，包括测距与测角数据以及气象数据，都应从严要求，加强检测。在测站上，以较远点定向，应有另一已知点做检核，检核较差不超过±0.1m。数据采集结束后，应对起始方向进行检查。当测站观测方向中包括有一级界址点，对另一已知点做检核时，检核较差不超过±0.04m。

一级界址点宜单独进行测量，不宜和其他房地产要素同时进行测量。

第四节　房产测量草图

测量草图是地块、建筑物、位置关系和房地产调查的实地记录，是展绘地块界址、房屋、计算面积和填写房产登记表的原始依据。在进行房地产测量时应根据项目的内容用铅笔绘制测量草图。测量草图包括房屋用地测量草图和房屋测量草图。

一、房屋用地测量草图

1. 房屋用地测量草图的内容

其内容包括以下几项：

(1)平面控制网点及点号；

(2)界址点、房角点相应的数据；

(3)墙体的归属；

(4)房屋产别、房屋建筑结构、房屋层数；

(5)房屋用地用途类别；

(6)丘(地)号；

(7)道路及水域；

(8)有关地理名称，门牌号；

(9)观测手簿中所有未记录的测定参数；

(10)测量草图符号的必要说明；

(11)指北方向线；

(12)测量日期，作业员签名。

2. 房屋用地测量草图的符号和注记说明

房屋用地测量草图的符号和注记说明见图4-10。

(1)界址点、房角点及其点号：使用简略编号。

(2)编号区编号：前5位数为3°带带号+Y的百公里数+X的百公里数，后4位数为Y的十公里与公里数+X的十公里数与公里数。

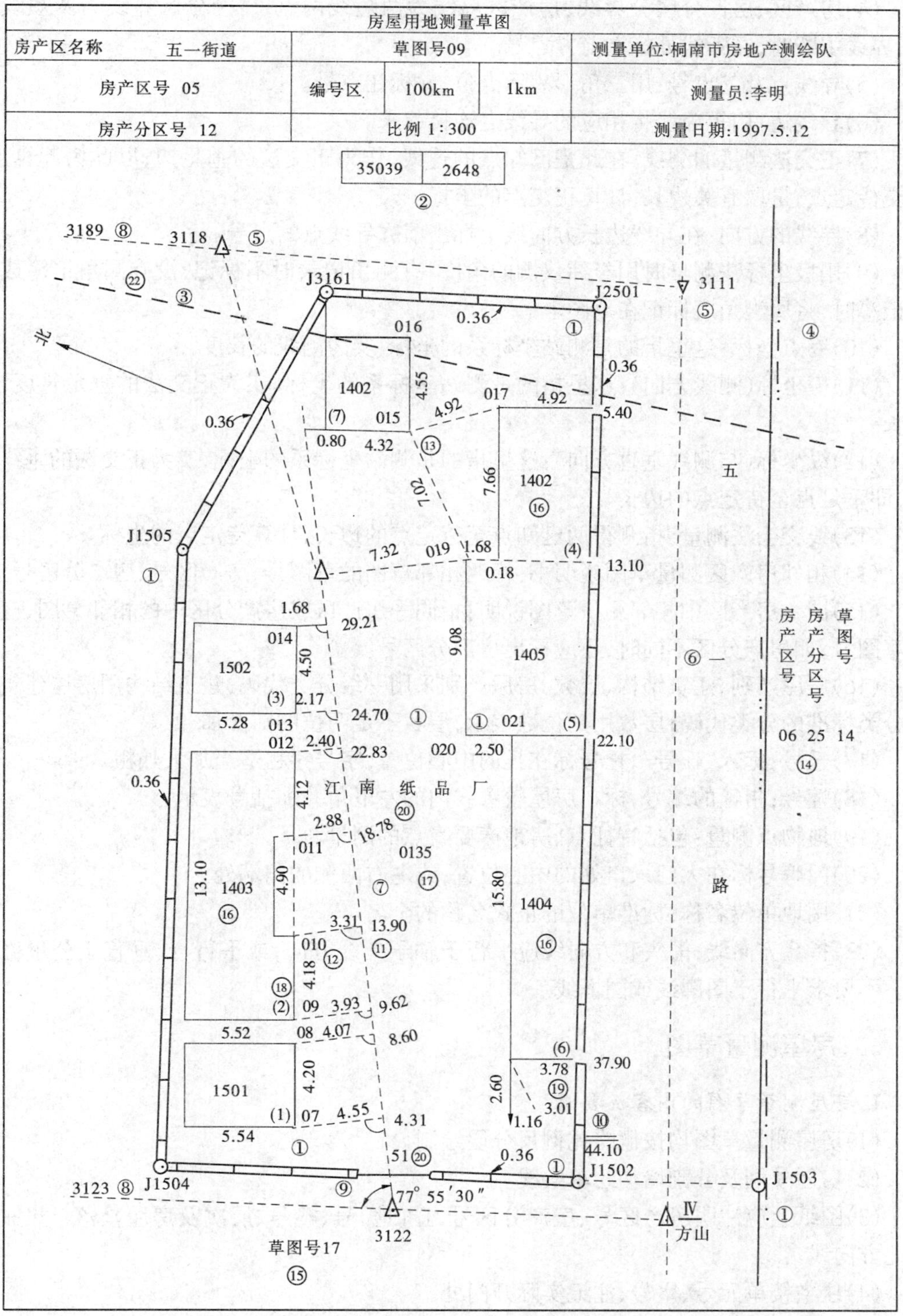

图 4-10 房屋用地测量草图

(3)编号区分界线:即公里格网线,格网交叉点应划成“+”。

(4)房产区、房产分区分界线：房产区界线为两短线两点，房产分区界线为两短线一点，界线中断时，在断线处标上前方点号。

(5)导线点及其点号：用三角形表示点位，并标注点号。

(6)导线边：用短虚线将相应的导线点连接起来。

(7)正交法测量的测线：在此是已知点的连线，作为正交法的垂足边，以此为起算点，正交待定点，量取有关边长，计算正交点的坐标。

(8)导线的方向：在导线边长方向线上标出前方导线点的点号。

(9)用极坐标法测量时用经纬仪测的角度：有测角记录时不标记，没有测角记簿或电子记簿时，将所测角度标记在草图上。

(10)终点坐标：这里指的是测站坐标系的坐标，实为测线的长度。

(11)横坐标(测线方向)：这里指的是测站坐标系的坐标，实为正交法的垂足长度，即边长。

(12)纵坐标(与测线垂直方向)：这里指的是测站坐标系的坐标，实为正交法的垂线长度，即垂足点至待定点的边长。

(13)线交会法测量：指测得两已知点至待定点的边长，计算待定点的坐标。

(14)相邻房产区测量草图说明书：标明相邻草图的草图号、房产区号、房产分区号。

(15)同一房产区中相邻测量草图说明：指同一房产区或房产分区中的相邻草图，应标出草图号，如房产分区不同时，还应标出房产分区号。

(16)房屋产别、建筑结构、层数：房屋产别采用一级分类代码；建筑结构用房屋建筑结构分类标准的分类代码；层数用两位数表示，层数不足两位的前面加“0”。

(17)丘号：标入“丘号”，丘号标在丘的中心位置，字号字粗适当加大加粗。

(18)幢号：指幢的编号，标在房屋轮廓线内的左下角并加括号表示。

(19)地物点测量：包括特征点、房地产要素点的测量。

(20)门牌号标在大门入口处的中心位置，或左右两侧的门端处。

(21)用地单位名称：标准单位的正式名称的全名。

(22)指北方向线：箭头和方向线应平行于轴子午线方向，或平行、或垂直于公里格网线。不要求平行于图廓线或图框线。

二、房屋测量草图

1.房屋测量草图的内容及要求

(1)房屋测量草图均按概略比例尺分层绘制。

(2)房屋外墙及分割墙均绘单实线。

(3)图纸上应注明房产区号、房产分区号、丘(地)号、幢号、层次及房屋坐落，并加绘指北方向线。

(4)住宅楼单元号、室号、注记实际开门处。

(5)逐间实量、注记室内净空边长(以内墙为准)、墙体厚度，数字取至厘米。

(6)室内墙体凸凹部位在0.1m以上者如柱垛、烟道、垃圾道、通风道等均应表示。

(7)凡有固定设备的附属房屋如厨房、厕所、卫生间、电梯楼梯等均需实量边长，并加必要的注记。

(8)遇有地下室、复式房、夹层、假层等应另绘草图。

(9)房屋外轮廓的全长与室内分段丈量之和(含墙身厚度)的较差在限差之内时,应以房屋轮廓数据为准,分段丈量的数据按比例配赋。超限须进行复量。

2. *房屋测量草图的符号和注记说明*

房屋测算草图的符号和注记说明见图 4-11。

房产测量草图					
房产区名称	华侨路街道	丘号	0117	结构	混合
房产区号	15	幢号	18	层数	06
房产分区号	22	比例尺		层数	4
坐落	华桥路豆莱桥10号				

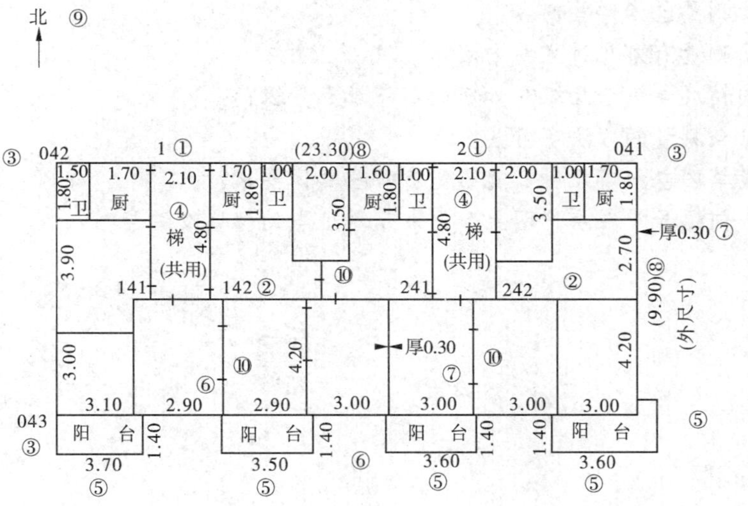

测量单位:桐南市房地产测绘队　　测量员李明　　测量日期:1997年4月10日

图 4-11　房屋测量草图

(1)单元号或座号(用 1 位数字或英文字母表示)。

(2)室号 = 单元(座号)　　　　+层号　　　　　　　　+户(室)号。

(1 位数字或英文字母)　　(1 位或 2 位数字)　　(1 位或 2 位数字或英文字母)由全幢统一规定。

(3)带点号的房角点(按 3 位或 5 位数字表示,不够的前面加 0)。

(4)幢内房屋共用部位(此处为公用楼梯)。

(5)封闭阳台外轮廓边长(外墙至外墙之间的距离)。

(6)套内房屋内边长(内墙面至内墙面之间的距离)。

(7)墙厚(墙的厚度的实际尺寸)。

(8)房屋的外边长(房屋外墙至外墙之间的尺寸)。

(9)指北方向线(实际指北方向线,要求房屋外轮廓线平行或垂直于图框)。

(10)幢内某户房屋所有权界范围(短线指向产权主一方,此处为共有墙)。

三、测量草图的绘制要求

测量草图可用787mm×1 092mm的1/8、1/16、1/32规格的图纸。测量比例尺选择概略比例尺,以使其内容清晰易读为准。在内容较集中的地方可绘制局部图。

测量草图应在实地绘制,测量的原始数据不得涂改擦拭。汉字字头一律向北、数字字头向北或向西。

测量草图的图式符号参照《房产测量规范》(GB/T 17986.2—2000)执行。

思考题

1.房产要素测量包括哪些内容?

2.房产要素测量有哪几种主要方法?

3.界址点的精度等级分几级?如何选用界址点等级?

4.简述界址点测量的方法有哪些?

5.房产测量草图包括哪几种?其绘制有哪些具体要求?

6.界址点如何编号?在房产图上如何表示界址点的位置及编号?

第五章 房产图测绘

房产图测绘是在房产平面控制测量和房产调查工作的基础上，对各房产要素的信息进行采集和表述的一项房产测绘工作。房产图是房产产权、产籍管理的基本资料，是一套与城镇实地房屋相符的总平面图，通过它可以全面掌握房屋建筑状况和土地使用情况，可以依据图形逐块土地、逐幢房屋清理房地产产权，计算和统计面积，并以房屋和房屋用地调查表来辅助房产图的图面显示的不足之处。

第一节 房产图基本知识

按房产管理的需要，房产图分为房产分幅平面图(以下简称分幅图)、房产分丘平面图(以下简称分丘图)和房屋分层分户平面图(以下简称分户图)。本节主要介绍房产图的测绘基础、房产图的比例尺、房产图的精度指标、房产图的分幅与编号四方面的内容。

一、房产图的测绘基础

根据《房产测量规范》的规定，房产图的测绘采用高斯—克吕格正形投影，按照3度带分带，平面坐标系统可以根据当地情况采用1980西安坐标系或地方坐标系，采用地方坐标系时，应该和国家坐标系联测。具体参数详见第三章。

二、房产图的比例尺

根据房产图的不同分类，其采用的比例尺也不尽相同：

房产分幅图一般采用1:500和1:1 000两种比例尺，主要视建筑物的密集稀疏程度而定。为了详实地表示房产要素，采用1:500比例尺的多一些，城镇建成区的分幅图一般采用1:500比例尺，远离城镇建成区的工矿企事业等单位及其相毗连的居民点也可采用1:1 000比例尺。

房产分丘图的比例尺是根据丘的大小选择，一般在1:100到1:1 000之间。分户图比例尺一般为1:200左右。

三、房产图的精度指标

房产图的精度主要考虑两部分：一是房产图上的界址点和房角点相对于邻近控制点的点位中误差；二是房产要素点与地物点相对于邻近控制点的点位中误差。

1.房产界址点和房角点的精度要求

房产界址点和房角点的精度要求已经介绍过，见表4-1。根据界址点等级，其相对于邻近控制点的点位中误差分别为±0.02m (一级)、±0.05m(二级)、±0.10m(三级)。房角点坐标的精度等级和限差执行界址点的标准。

2.房产要素点与地物点相对于邻近控制点的点位中误差

(1)全野外采集数据或野外解析测量等方法所测的房地产要素点与地物点,相对于邻近控制点的点位中误差应不超过±0.05m。

(2)模拟方法测绘的房产分幅平面图上的地物点,相对于邻近控制点的点位中误差应不超过图上±0.5mm。

(3)利用已有地籍图、地形图编绘房产图时,地物点相对于邻近控制点的点位中误差应不超过图上±0.6mm。

(4)采用已有坐标或有图件展绘成房产分幅图时,展绘误差应不超过图上±0.1mm。

四、房产图的分幅与编号

房产图的分幅采用分幅图形式。为了适应数据管理的要求和国家标准《房产测量规范》规定的协调一致性,统一采用50cm×50cm的分幅图分幅规格。房产分丘图和分层分户图没有分幅的问题。

国家标准《房产测量规范》改变了过去惯用的分幅图编号方法,采用了和点的编号一样的数码形式的编号方法。这种编号代码由两部分组成,即由编号区代码和图幅比例尺代码组成。编号区代码和点的编号区代码相同,以高斯投影坐标的整公里格网为一个编号区;编号代码以公里格网西南角格网点的横、纵坐标的整公里值表示。1∶2 000、1∶1 000、1∶500比例尺的房产分幅图的编码用两位数字代码表示,类似于二级代码形式。现以带晕线的图幅为例,举例说明如下(见图5-1)。

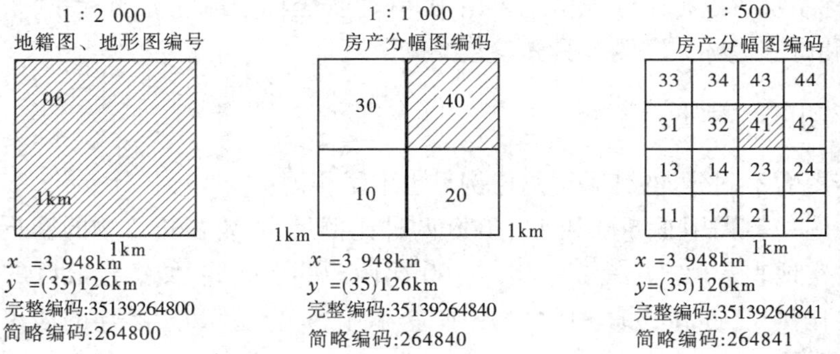

图5-1　分幅图编号方法

当分幅的比例尺为1∶2 000时,一个分幅图的范围正好是一个公里格网,其长宽均为1km,此时分幅图的代码以"00"表示。将公里格网等分为4个格网,将"00"一分为4,分为"10"、"20"、"30"、"40"四个1∶1 000比例尺分幅图的代码。再将1∶1 000比例尺分幅图(0.5km)格网各等分为4个格网,其格网边长均为250m,此时这些格网(0.25km格网)为1∶500比例尺的分幅图,分别将它们一分为4,将"10"分割成"11"、"12"、"13"、"14";将"20"分割成"21"、"22"、"23"、"24";将"30"分割成"31"、"32"、"33"、"34";将"40"分割成"41"、"42"、"43"、"44",共16幅1∶500比例尺的分幅图。这样在1个公里格网范围内,这三种比例尺分幅图的代码都是固定不变的,第1位数表示1∶1 000的比例尺及其在公里格网中的位置;第二位数表示1∶500的分幅图的分比例尺及其在1∶1 000分幅图中的位置。这些代码的数值代表着不同分幅图的比例尺和所在的相对位置，它们都是固定不变的，而变化的是编号区，即公里格网的代码。公里格网的代码，即分幅图编号区的代码以公里格网的西南角格网角点的横纵坐标表示，共9位数。第1位数、第2位数代表高斯投影带的带号（任意带投影时为代号）；第3位数为横坐标的百公里数；第4位数、第5位数为纵坐标的千公里和百公里数；第6位数、第7位数为横坐标的十公里数与公里数；第8位数、第9位数为纵坐标的十公里数与公里数。举例说明如下（见图5-2）。

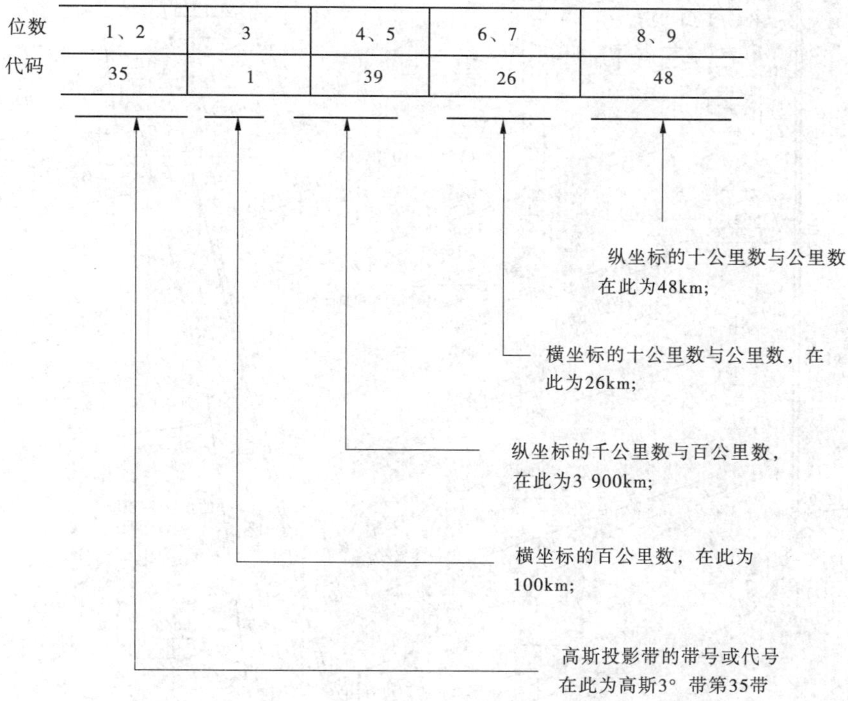

图5-2　分幅图编号区的代码

省略1、2、3、4、5位数，取最后4位数，即为编号区的简略编码。在一个城市（镇）实际工作中可使用简略编码，在数据库中使用完整编码。这样点的编码和图幅的编号都统一在公里格网框架之内，编号、方法也完全一致。

第二节　房产图测绘内容

一、分幅图测绘的内容和表示方法

房产分幅图是全面反映房屋及其用地的位置和权属等状况的基本图，是测制分丘图和分户图的基础资料。

分幅图应表示的内容包括控制点、行政境界、丘界、房屋及附属设施和房屋围护物、丘号、幢号、房产权号、门牌号、房屋产别、结构、层数、房屋用途和用地分类等，以及与房产有关的地形要素和注记等，见图5-3。

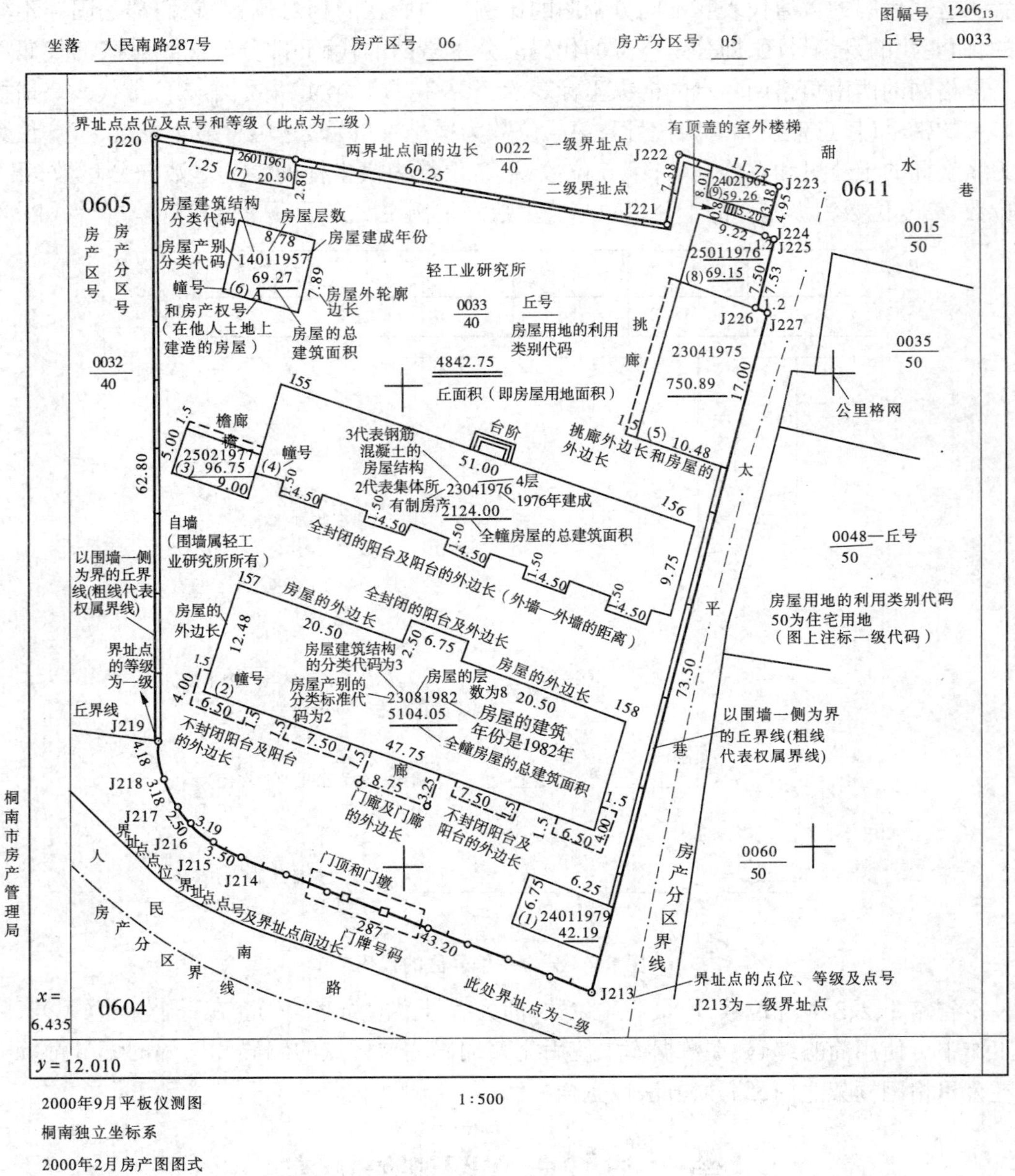

图 5-3　房产分幅图

(一)控制点

主要是平面控制点,包括基本控制点(一、二、三、四等国家平面控制网点,二、三、四等城市平面控制网点,二、三、四等城镇地籍控制网点,以及一、二级小三角测量网点,一、二级小三边测量网点,一、二级导线测量网点)和房产平面一、二、三级控制点。这些点都是测图的测站点,应精确地将其展绘在图上。

(二)行政境界

行政境界一般只表示区、县和镇的境界线。街道办事处或乡的境界根据需要表示;两级境界线重合时，用高一级境界线表示；境界线与丘界线重合时，用境界线表示；境界线跨越图幅时，应在图廓间的界端注出行政区划名称。

（三）房产区界

房产区界包括房产区界和房产分区界，在房产分幅图和分丘图上都要表示，如图5-4所示。

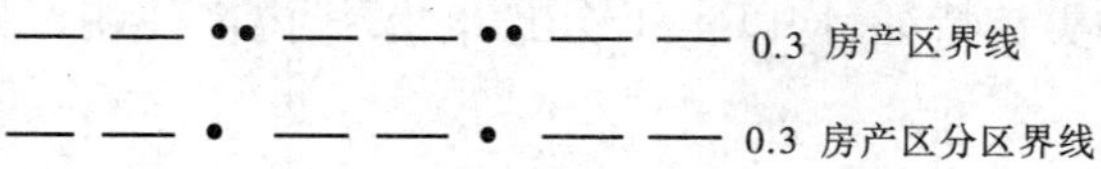

图5-4 房产区界

（四）丘界线

房屋用地界线即房产用地权属界线，一般为丘界线。丘界线有硬界和软界之分，有固定界标的为硬界，无固定界标的为软界。

组合丘内还可划分支丘，支丘在房产图上应表示。丘内有不同的土地利用类别的，用地类界区分表示。

丘界包括界址点、丘界线和丘号，以及丘的用地用途分类代码。对于明确又无争议的丘界线用实线表示，有争议或无明显界线又提不出凭证的用未定丘界线表示；丘界线与单线地物重合时，单线地物符号不变，线划按丘界线加粗表示，见图5-5所示。

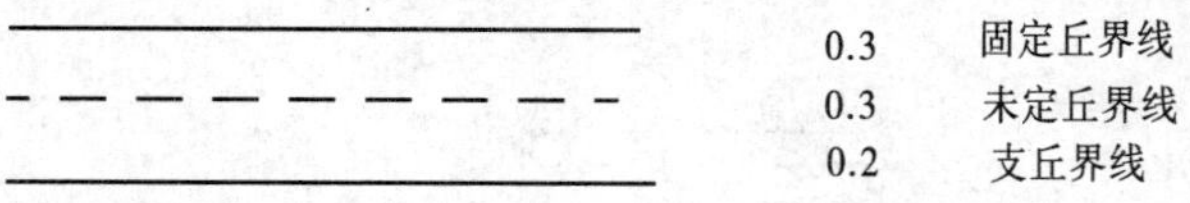

图5-5 丘界线

（五）房屋权界线

房屋权界线其核心是墙体的归属，即把共有墙、自墙和借墙分别进行表示。房屋权界线的产权归属以“权属指示线”表示。权属指示线为线粗0.15mm、线长1.0mm的一短直线。直线由房屋权界线起，垂直于房屋权界线，指向产权所有人一方，在房屋权界线上每隔1～2cm划一“权属指示线”。有的也用一条边居中平均划三条短线表示。权属以栅栏、栏杆、篱笆、铁丝网为界时，其产权归属亦在相应界线上用“权属指示线”表述，见图5-6所示。

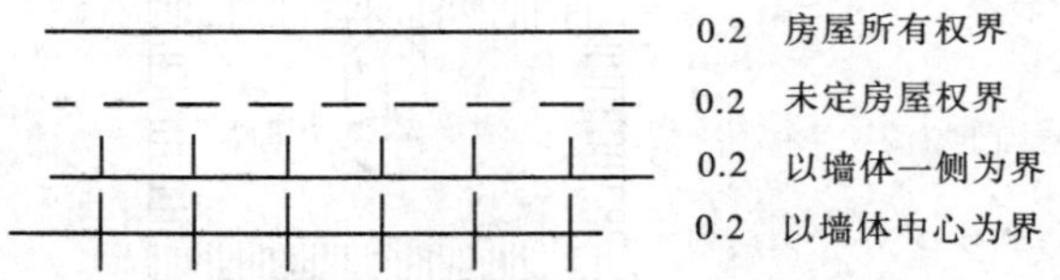

图5-6 房屋权界线

（六）房屋

对房产图上的要素描述，最主要的房地产要素是房屋，描述时的规则是：地面的或与地面相交的地物，均以实线表示；悬空的一般用虚线表示，例如悬空的阳台、门顶、架空房屋、架空通廊、挑楼、高架路等悬空地物，都用虚线表示，而柱、墙、路、地面房屋则以实线表示。

房屋包括幢号、房屋轮廓线、房屋性质的三个代码(产别、结构、层数)等。房屋包括一般房屋、架空房屋和窑洞等。房屋应分幢测绘,以外墙勒脚以上外围轮廓的水平投影为准,装饰性的柱和加固墙等一般不表示;临时性的过渡房屋及活动房屋不表示;同幢房屋层数不同的应测绘出分层线。

1. 一般房屋

一般房屋不分种类和特征,均以实线绘出,轮廓线内需注明产别、建筑结构、层数、幢号,如图 5-7 所示。

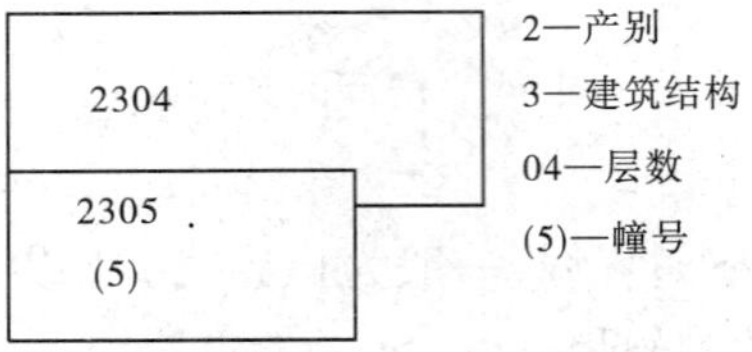

图 5-7　一般房屋的表示方法

2. 架空房屋

架空房屋是指底层架空,以支撑物作承重的房屋。其架空部位一般为通道、水域或斜坡,如廊房、骑楼、过街楼、吊角楼、挑楼、水榭等。架空房屋以房屋外围轮廓投影为准,用虚线表示,虚线内四角加绘小圆圈表示支柱,轮廓线内注记与一般房屋注记规定的内容,如图 5-8 所示。

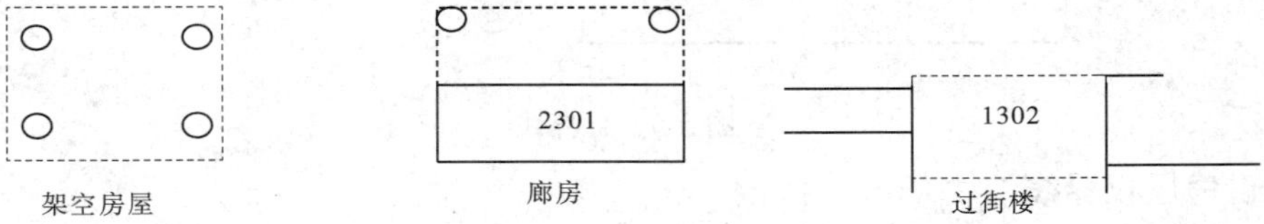

图 5-8　架空房屋的表示方法

3. 窑洞

窑洞是指在坡壁上挖成洞供人使用的住所。地面上窑洞符号底部绘在洞出入处,按真方向表示;地面下窑洞是指从地面向下挖成平底坑,再在坑壁上挖成洞的住所,符号绘在坑轮廓内,如图 5-9 所示。

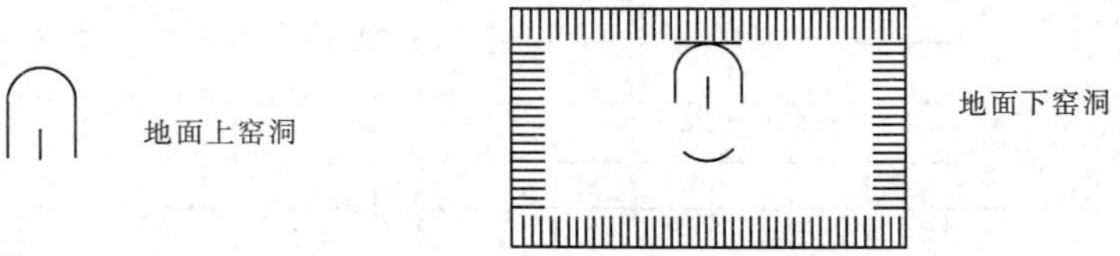

图 5-9　窑洞的表示方法

(七)房屋附属设施

房屋附属设施包括柱廊、檐廊、架空通廊、底层阳台、门廊、门顶、门、门墩和室外楼梯,以及和房屋相连的台阶等均应实测。其阳台一层封闭的和不封闭的要分别用不同的符号表示。

(1)柱廊以柱的外围为准,图上只表示四角或转折处的支柱。

(2)底层阳台以底板投影为准。

(3)门廊以柱或围护物外围为准,独立柱的门廊以顶盖投影为准。

(4)门顶以顶盖投影为准。

(5)门墩以墩的外围为准。

(6)室外楼梯以水平投影为准,宽度小于图上1mm的不表示。

(7)与房屋相连的台阶按水平投影表示,不足五阶的不表示。

(八)房屋围护物

房屋围护物包括围墙、栅栏、栏杆、篱笆和铁丝网等均应实测,其符号的中心线是实地物体的中心位置。其他围护物根据需要表示;临时性或残缺不齐的和单位内部的围护物不表示。

(九)房产要素和编号

房产要素和房产编号包括房产区号和房产分区号、丘号、丘支号、幢号、房产权号、门牌号(门牌号注在房屋轮廓外实际开门处)、房屋产别、结构、层数、房屋用途和用地分类,根据调查资料以相应的数字、文字和符号表示。当注记过密容纳不下时,除丘号、丘支号、幢号和房产权号必须注记,门牌号可首末两端注记或中间跳号注记,其他注记按上述顺序从后往前省略。

(十)地形要素

与房产管理有关的地形要素包括铁路、道路、桥梁、水系、独立地物、公共设施和绿化地等。亭、塔、烟囱、罐以及水井、停车场、球场、花圃、草地等根据需要表示,并加绘相应符号或加简注。

(1)铁路以两轨外缘为准;道路以路缘为准;桥梁以外围投影为准;沟、渠、水塘、游泳池以坡顶为准,其中水塘、游泳池等应加简注。

(2)亭以柱的外围为准;塔、烟囱和罐以底部外围轮廓为准;水井以井的中心为准;停车场、球场、花圃、草地等以地类界表示,并加注相应符号或加简注。

(十一)地理名称注记

地理名称注记包括自然名称;镇以上人民政府各级行政机构名称;工矿、企事业单位名称的注记;主要街道的名称。地名的总名和分名应用不同的字级分别注记;同一地名被分割或面积较大、延伸较长的地域、地物,需分别标注。

(十二)图廓整饰

图廓整饰包括图名、图幅编号、测图日期、比例尺、起止丘号、施测单位等。

二、房产分丘平面图的测绘内容和表示方法

房产分丘平面图是分幅图的局部图,是绘制房产权证附图的基本图,是根据核发房屋所有权证需要,以门牌、户院、产别及其所占有土地的范围,分丘绘制成图。分丘平面图是作为权属依据的产权图,一经确权就具有法律效力,是保护房屋所有权人合法权益的凭证,见图5-10。

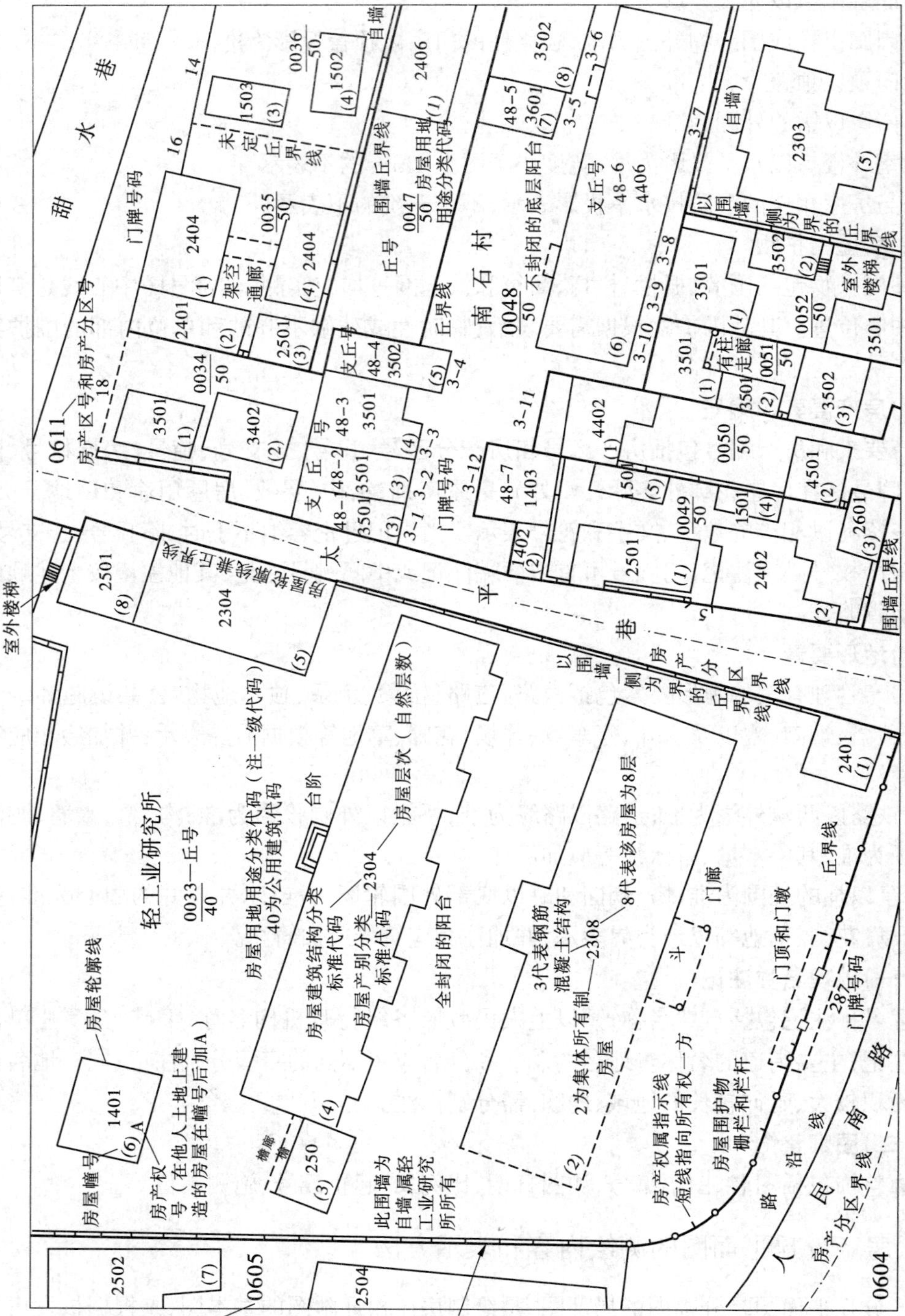

甜水巷
南石村
太平巷
人民南路
轻工业研究所
0033—丘号
40
房屋用地用途分类代码（注一级代码）
40为公用建筑代码
房屋建筑结构分类标准代码
房屋产别分类标准代码
房屋层次（自然层数）
全封闭的阳台
台阶
3代表钢筋混凝土结构
8代表该房屋为8层
2为集体所有制房屋
门廊
门顶和门墩
门牌号码
丘界线
房屋围护物栅栏和栏杆
房产权属指示线
短线指向所有权一方
房产分区界线
路沿线
房屋轮廓线
房屋幢号
房产权号（在他人土地上建造的房屋在幢号后加A）
此围墙为自墙，属轻工业研究所所有
以围墙侧为界的丘线（粗线代表权属界线）
房产区号和房产分区号
以围墙一侧为界的房产分区界线
室外楼梯
0611
房产区号和房产分区号
门牌号码
未定丘界线
架空通廊
丘号
支丘号
围墙丘界线
房屋用地用途分类代码
不封闭的底层阳台
有柱走廊
自墙
以围墙一侧为界的丘界线
室外楼梯
0605
0604
1:500

图 5-10　房产分丘图

(一)分丘图的规格

(1)分丘图的坐标系统与分幅图的坐标系统一致。

(2)分丘图的比例尺,应根据丘面积的大小和需要在1∶1 000～1∶100之间选用。

(3)分丘图没有分幅编号问题。分丘图的幅面可在787mm×1 092mm的1/32～1/4之间选用,其编号按分幅图上的编号。

(4)图纸一般采用聚酯薄膜,也可选用其他图纸。

(5)分丘图以丘为单位实地测绘,也可选用分幅图结合房产调查表绘制。

(二)分丘图测绘的内容和表示方法

1.测绘的内容

分丘图的内容除表示分幅图的内容外,还应表示以下内容:

(1)房屋权界线,包括房屋墙体的归属和四至关系;

(2)界址点的点位和点号,包括界址点间的边长;

(3)在房屋产别、房屋结构和房屋层数之后应加注房屋建成年份代码;

(4)房屋用地面积和房屋建筑面积;

(5)房屋各边长尺寸以及阳台、挑廊等有关轮廓尺寸。

2.测绘方法

利用已有的房产分幅图,结合房地产调查资料,按本丘范围展绘界址点,描述房屋等地物,实地丈量界址边、房屋边等长度,修测、补测成图。

3.表示方法

(1)房屋应分幢丈量边长,用地按丘丈量边长,边长标注至0.01m,也可由界址点的坐标计算边长,对不规则的弧形,可按折线分段丈量。边长量取至少两次,结果较差不超下式规定 $\Delta D=\pm 0.04D$(D 为边长)。

(2)在测绘本丘的房屋和用地时,应适当绘出与邻丘相连的地物。如与邻丘毗连墙体时,共有墙以墙体中间为界,量至墙体厚度的1/2处;借墙量至墙体的内侧;自有墙量至墙体外侧并用各自相应的符号表示。

(3)房屋权界线与丘界线重合时,用丘界线表示;房屋轮廓线与房屋权界线重合时,用房屋权界线表示。

(4)界址点点号应以图幅为单位,按丘号的顺序顺时针统一编立,图上分别用符号表示,并注记等级及点号,点号前冠以英文字母“J”。

(5)房屋建成年份是指房屋实际竣工年份(在分丘图上表示,在分幅图上不表示);拆除翻建者,应以翻建竣工年份为准。

房屋建成年份用并列的四位数字注记在房屋层数的后边,如图5-11所示。

(6)丘面积(即房屋)用地面积注记在丘号下方正中,下加两道横线。

(7)建筑面积以幢为单位,注记在房屋产别、结构、层数、建成年份等数下方正中,下加一道横线。

(8)注明所有周邻产权所有单位(或人)的名称,各种注记的字头应朝北或朝西。

三、房产分层分户图的测绘内容和表示方法

房屋分层分户图是在分丘图基础上绘制的局部图,以一户产权人为单位,表示房屋权

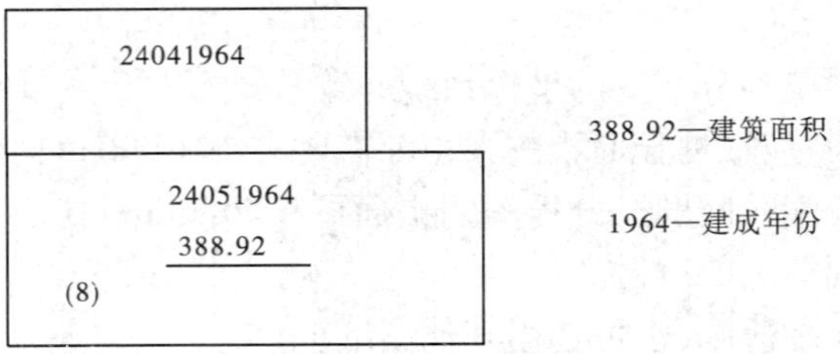

图 5-11　房产编号

属范围的局部图，以明确房产毗连房屋的权利界线，是供核发房屋产权证的附图和依据，是产权产籍管理的重要资料。过去要求是单独绘制分户图，为了适应新的《房屋所有权证》的需要，新的《房产测量规范》对分户图做了较大的修改，新的分户图用表图结合的形式进行表述，一些重要的数据，过去都只表示在图形中，现要求以表带图（图放在表格之内），把一些重要的结论性的数据，例如建筑面积、分摊共有面积、产权面积都放在表格中显著的位置；把丘号、幢号、户号等也放在表格之内。这样房屋的位置、形状、数量、产权状况等均一目了然地表述在一张图纸上，见图 5-12。

丘号	0048-6	结构	混合	套内建筑面积	61.10m²
幢号	6B	层数	06	共有分摊面积	7.56m²
户号	17	层次	5	产权面积	68.66m²
产权主	刘江	坐落	人民南路太平巷3-8号6幢1单元501室		

幢号后边加B代表该幢房屋为多产权房屋，B称共有权号。

户号的编制各地可自定规则，可用单元号（1位）+层号（2位）+房号（1位或2位）。

本幢墙厚均为0.24m。

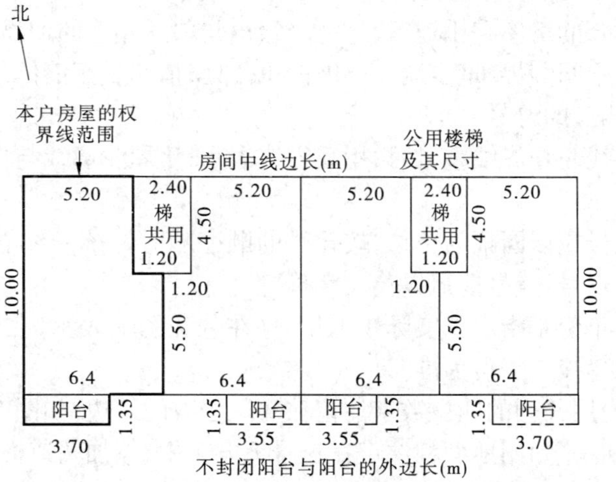

除阳台所注尺寸为外尺寸(外墙—外墙尺寸)外，其他标注的尺寸，都标注中线尺寸，即标注墙体中线至另一墙体中线的尺寸。

桐南市房地产管理局

测绘者:陈波	2000年10月16日	检查者:张全	2000年10月18日

1 : 200

图 5-12　房产分户图

1. 房产分户图主要表述的内容

(1)本户所在的丘号、幢号、户号、坐落、结构、层数、层次、产权主姓名(或名称)、户(套)内建筑面积、共有分摊面积、产权面积。

(2)房屋层(户)的轮廓、权界线(墙体归属)、共有部位,并注出房屋边长。

(3)指北方向线及概略比例尺。

2. 房产分户图规格与表示方法

(1) 分户图的方位应使房屋的主要边线与图框边线平行,按房屋的方向横放或竖放,并在适当位置加绘指北方向线。

(2) 分户图比例尺一般为 1:200,当房屋图形过大或过小时,比例尺可适当放大或缩小。

(3) 分户图图上房屋的丘号、幢号,应与分丘图上的编号一致。房屋边长应实际丈量,注记取至 0.01m 注在图上相应位置。

(4)分户图的幅面大小可与“房屋所有权证”幅面大小一致,可以直接作为“房屋所有权证”的附图。

在房产分户图绘制时,尽量参考建筑图纸,用量测的数据和建筑设计图纸进行认真比较,以保证数据的正确性。

第三节　房产图的成图方法

由于房产分丘图和房产分层分户图是在房产分幅图的基础上得到的,所以本节主要介绍房产分幅图的测绘方法。

一、平板仪测量成图

平板仪测量成图通常包括大平板仪测绘法;经纬仪配合小平板仪测绘法;经纬仪配合小平板、半圆仪法;光电测距仪配合小平板仪法。

测图比例尺等于或小于 1:1 000 的房产图,在进行碎部测量时,可用普通视距的方式测定测站点至碎部点之间的距离。而在城镇地区测制 1:500 比例尺房产图时,测站点至碎部点之间的距离,应使用钢尺或皮尺直接丈量,需要时应对所丈量的距离进行改正。作业时,可将小平板仪整置在测站上,用照准仪(或测斜仪)照准碎部点上的标志,以此来确定方向;同时用皮尺或钢尺丈量距离,通过以上作业方法来确定碎部点点位。

用平板仪测图时,测站点点位精度相对于邻近控制点的点位中误差不超过图上 ±0.3mm。图根控制点相对于起算点的点位中误差不超过图上 ±0.1mm,其在测站上的对中误差不得大于图上 ±0.05mm,测图板的定向线长度不得小于图上 6cm。同时,用另一点进行定向检核,检核偏差在图上不应大于 0.3mm。用经纬仪进行测图时,定向方向的归零差不应大于 4′。而且在作业过程中,随时进行定向方向的检查。一旦发现归零差超限,便应检查所测碎部点的正确性。

在设站困难地区,如在稠密的居民区,由于通视条件较差,也可以采用几何作图法来测绘地物。

平板仪测量中,测站点至界址点和地物点的最大视距或尺量距离应符合表 5-1 的规定。当采用光电测距仪测距时,距离可适当放长。其长度以不超过表 5-1 规定的三倍值为宜。

表 5-1　平板仪测量的最大视距

测图比例尺	视距最大长度(m)
1∶500	50(直接丈量)
1∶1 000	80
1∶2 000	150

平板仪测量成图方法工作流程见图 5-13。

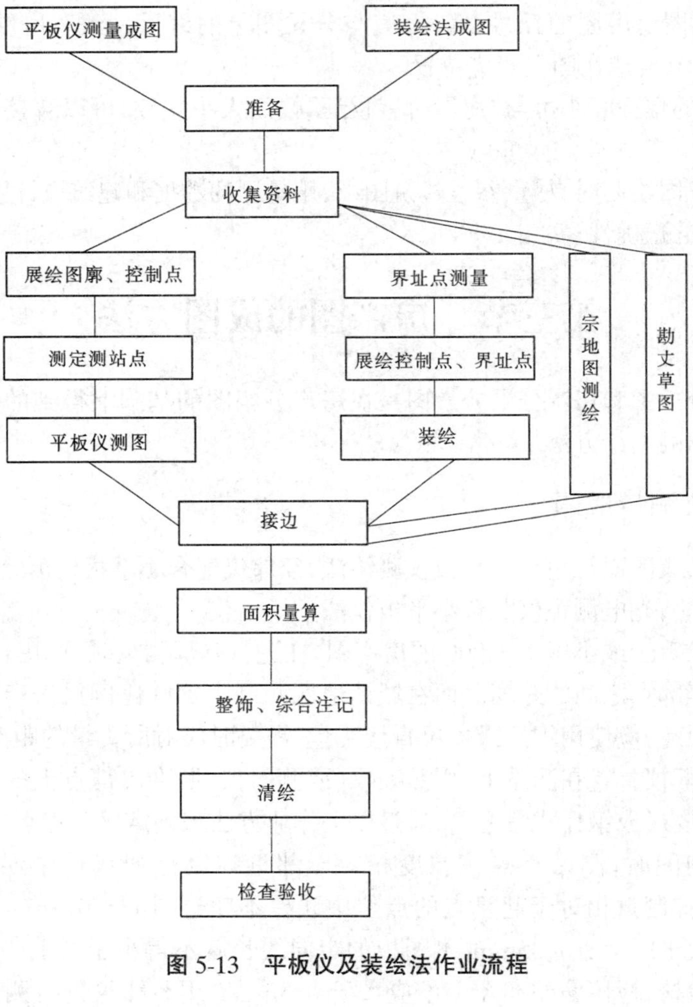

图 5-13　平板仪及装绘法作业流程

二、装绘法成图

装绘法成图的基本思想,是在测定主要界址点坐标的基础上,将勘丈的数据草图、平面图装绘在展绘界址点的图内。装绘法成图的过程参见图 5-13,装绘法成图根据作业方

法不同,可分为三种情况:

(1)野外用全站仪(或光学经纬仪+测距仪)测定界址点和主要地物点,求出坐标,然后在室内将这些点用数字坐标仪或三棱尺展绘在图纸上,再到实地勘丈次要地物点与主要地物点、控制点、界址点间相关距离,并绘制勘丈草图,最后用图解法将草图的内容装绘在展点图上。

勘丈主要有四种方法,即距离交会法、支距法、延长线法、方向延长线法。距离交会法、支距法很简单,不再专门介绍。下面重点介绍延长线法和方向法。

延长线法:当房角点不能通视,或不能直接测定时,可以引出房屋边线的延长线,测定延长线后,再在延长线上定出房角点的位置。可分三种情况:如图 5-14 所示,因房角点 C 不能直接测定,可先测定房屋边线上的 B 点,用皮尺丈量 B 到 C 的距离,再在 AB 的延长线上定出 C 的位置。如图 5-15 所示,房角点 A、C 不通视,可先测定其延长线上的 B、D 两点,并用皮尺丈量 B 到 C 的距离,先定出 C 点,丈量 AC 的距离,再定出 A 点的位置。如图 5-16 所示,$ABCD$ 为已测定的房屋,$EFGH$ 为待测的房屋,可利用已测定的房屋边线的延长线至待测房屋边线上的两交点 1 和 2,用皮尺丈量 $A2$ 和 $D1$ 的距离,再量 $H2$ 和 $E1$ 的距离,即可定出 E、H 两点,再丈量 EF 和 GH 的距离,最后定出 F、G 点。

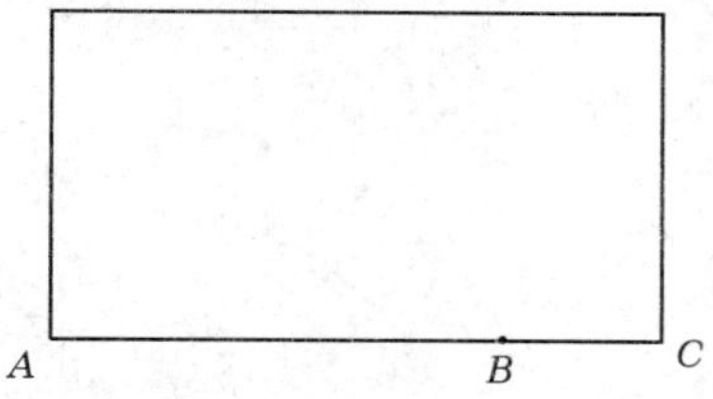

图 5-14 延长线法(一)

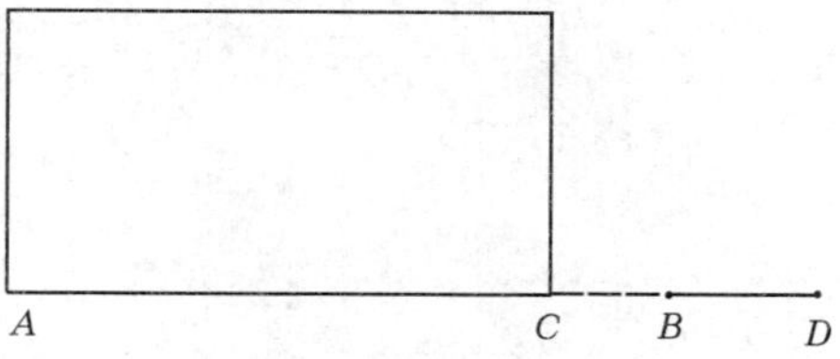

图 5-15 延长线法(二)

方向法:如图 5-17 所示,将待测房屋边线延长,与已知测线 AB 交于 C 点,GC 线称为方向线,用皮尺丈量 BC、AD 和交线 CF 的距离,先定出 C、D 两点,再丈量 DF 距离,然后以 DF、CF 相交,定出 F 点,并由方向线 GF 的距离,定出 G 点,同理可定出 E、H 两点。

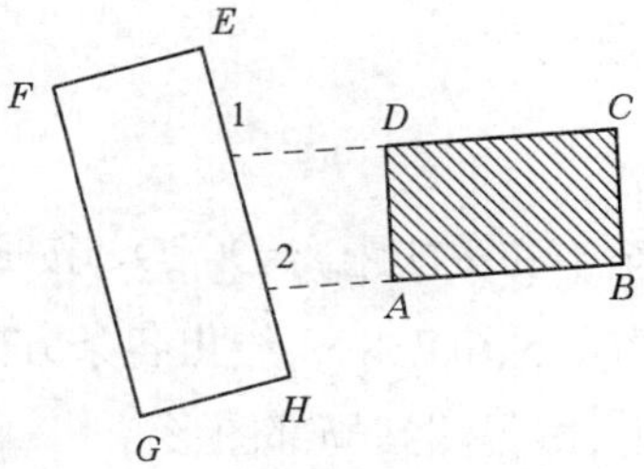

图 5-16 延长线法(三)

(2)野外测定明显的主要界址点,并算出坐标,展绘在图纸上。再在野外用平板仪绘同样比例尺的宗地图或用小平板仪按自由设站法测绘局部图形,最后将白纸图蒙绘或转刺于展点图上。蒙绘时一定要将白纸图上的解析点和展点图上的解析点严格重合,或方向线严格通过解析点,如有较详细精确的地形图、规划平面图,也可直接装绘到展点图上。

自由测站法是利用图上已测定的若干个主要地物点作为依据,布置单测站点进行测绘,如图 5-18 。

根据图上已测定的 1、2、3、4 点的情况,在地面上自由选定测站上点 A,将小平板仪安置在设站点 A 附近,另用白纸作图,在图上任取一点为 A,图板整平后,自 A 点用照准仪瞄准已测定的地物点 1、2、3、4,绘出方向线,作为已知方向线进行定向,再用皮尺丈量

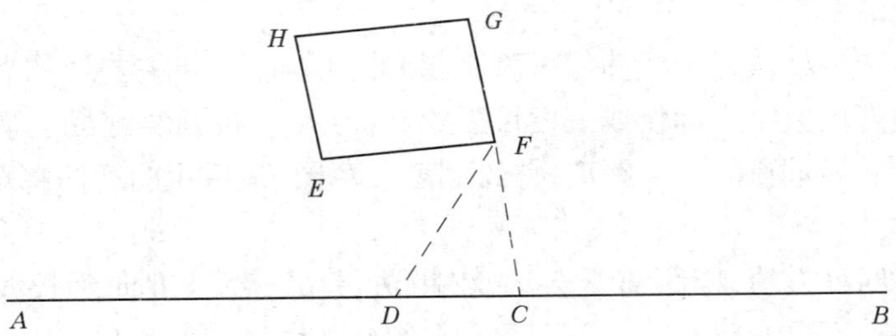

图 5-17　方向法

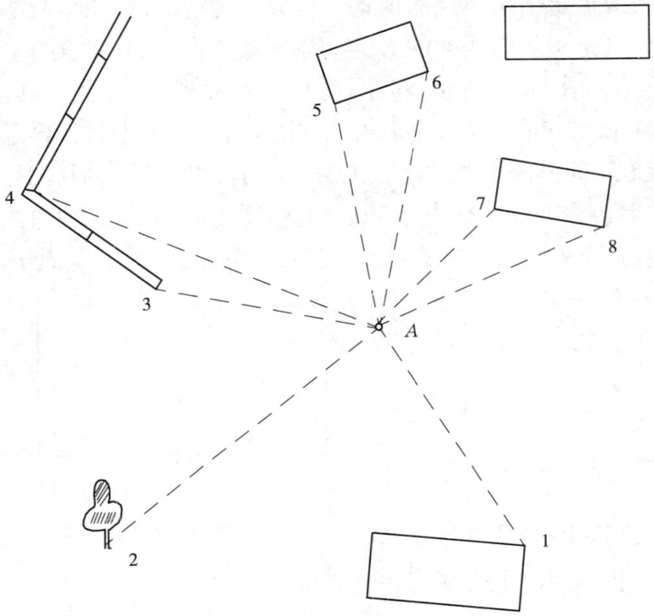

图 5-18　自由设站法

A 至 1 和 2 的距离 D_1、D_2，按成图比例尺缩绘于图上 1、2 点，再自 A 点用照准仪瞄准新地物点 5、6、7、8…，绘出各条方向线，用皮尺直接丈量 D_5、D_6、D_7、D_8、…并按比例缩绘于图上，即得测站局部图形。

(3)用全站仪测定图根点、大部分界址点和易测的主要地物点的位置，并用电子手簿等记录点的编码和坐标。再用平板仪法、勘丈法在野外实测较隐蔽的地物及界址点，然后用数字坐标仪或数字化仪采集全部定位点，最后由绘图仪绘制地籍图。

三、航空摄影测量成图

由于我国国土十分辽阔，而经济比较落后，因此利用航空摄影测量的方法来测绘房产图，将是一种重要的方法。一般可采用精密立体测图仪测图、解析测图仪测图，也可采用纠正仪或正射投影仪制作影像图。另外，立足于我国的经济状况，还可利用 1818 立体坐标量测仪配合坐标数据采集装置进行逐点数据采集，然后由绘图桌绘制房产图，其技术要求同精密立体测图仪。

对航摄资料的要求，如航摄比例尺、倾角、航线弯曲、航向旁向重叠和影像质量等均应符合航空摄影测量规范的要求。

像片上的控制点，可采用全野外布点法施测，也可以通过解析法进行空中三角测量加密，即电算加密法进行加密。不论采用什么方法加密控制点，均应保证每幅图内按规范要求有足够数量的埋石点。在进行全野外布点测量时，除了按航测的具体要求外，还要按房产控制测量的要求进行工作。

当采用电算法加密时，加密点对于临近野外控制点的点位中误差和高程中误差不得大于表 5-2 的规定。

表 5-2　电算法加密的限差要求

地籍图比例尺	加密点高程中误差(m)			加密点平面中误差(m)	
	平地、丘陵地	山地	高山地	平地、丘陵地	山地、高山地
1:2 000	±0.5	±1.2	±1.8	±0.7	±1.00
1:1 000	±0.5	±0.7	±1.5	±0.35	±0.5
1:500	—	±0.5	±0.7	±0.18	±0.25

在大地定向后，基本定向点残余误差不得大于加密点中误差的 0.75 倍；多余控制点的不符值不得大于加密点中误差的 1.75 倍；相邻航线、相邻图幅、相邻区域网公共点较差不得大于加密点中误差的 2 倍，特殊情况下不得大于 2.5 倍。

在使用精密立体测图仪测图时，测绘范围不得大于控制点连线外 1cm，且离像片边缘不得小于 1cm(指 18cm×18cm)或 1.5cm(指 23cm×23cm)。作业时尽可能选用最大模型比例尺，其计算公式为：

$$M = H/Z \tag{5-1}$$

式中　M——模型比例尺分母；

　　　H——相对航高值；

　　　Z——仪器上的相应航高值。

像片框标志与像片盘的相应标志对准误差不得大于 0.05mm，左右投影器应分别安置改正后的焦距，安置值精确到 0.01mm 或仪器最小刻度值。相对定向后，各点的残余上下视差不得大于 0.2mm，主点附近不应有残余上下视差。绝对定向后，平面对点误差平地丘陵地不得大于图上 0.4mm，最大不超过 0.5mm；山地、高山地不得大于图上 0.5mm，最大不超过 0.6mm。高程定向误差不得大于加密点的高程中误差。在上述误差不超限的情况下，应合理配赋至最小。

当使用解析测图仪测图时，装片后应输入仪器类型，作业员姓名、作业日期、像片号、基线、焦距、框标数据、定向点数据、模型号等作业参数。相对定向后，各点的残余上下误差不得大于 0.008mm，绝对定向的平面误差和绘图桌定向的平面误差均不得大于图上的 0.3mm，山地、高山地放宽至 0.4mm。高程定向误差不得大于加密点的高程中误差。

当制作影像图时，平坦地区以采用纠正仪像片纠正，镶嵌编制像片图的方法为宜；丘陵地区、山地以采用正射投影仪通过微分纠正技术编制正射影像图的方法为宜。

其他有关航空摄影测量的作业方法和技术要求，请参照规范进行，在本教材中不再详述。

航空摄影测量法成图的工作流程见图 5-19。

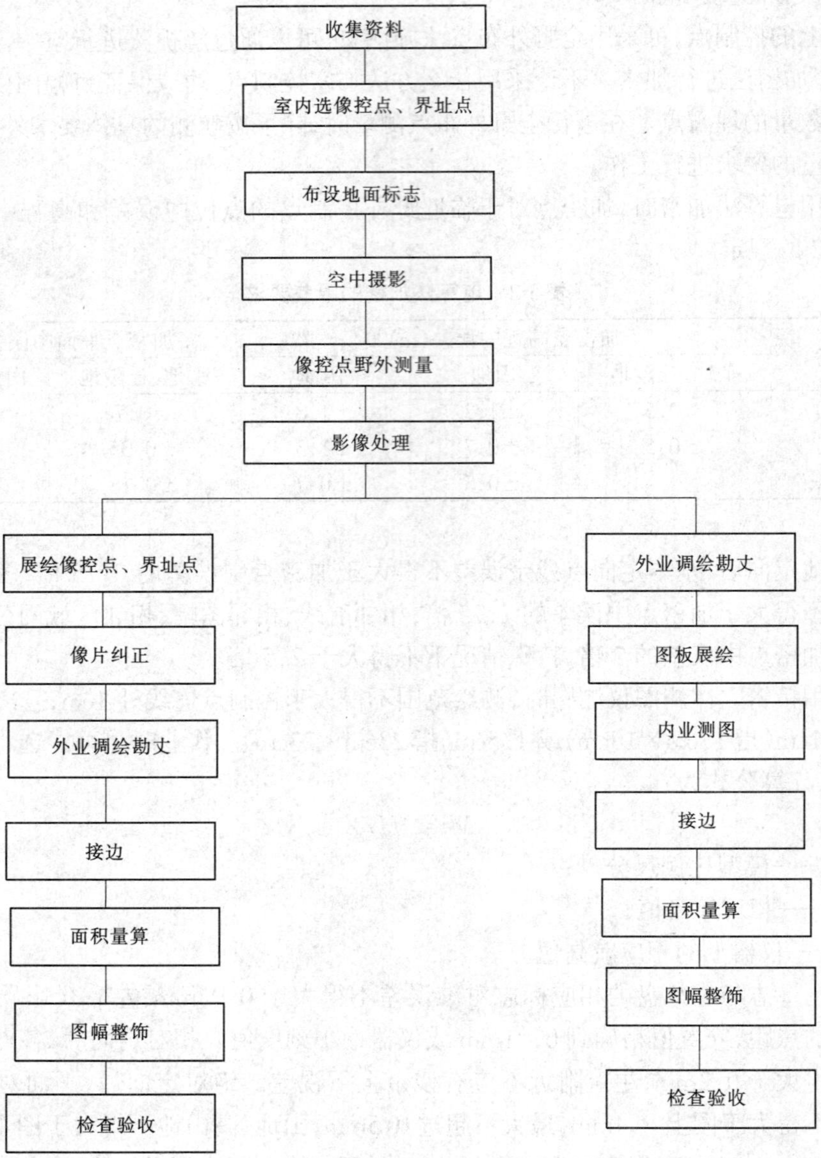

图 5-19　航测法成图流程

四、编绘法成图

这种成图法目前在我国应用很广泛，不少城镇和工矿区都有大比例尺地形图资料，在进行房产图时，可利用测区内已有的大比例尺地形图、影像平面图来编绘房产图。这种方法成图周期快，且又省力省钱，但由于编绘法是在原图上进行制作新的房产图，其图上误差又积累了一次，成图精度较低。因此，在进行编绘时，应对原地形图进行精度检查，若不符合要求，则不能用来进行编绘。

用来编绘房产图的地形图，其比例尺应比新编图比例尺大或相等。

编绘法成图的工作步骤如下：

(1)将测区的地形原图制作成二底图，检查二底图的图廓方格网变形情况，只有当其误差不超过限差要求时，方可使用。

(2)进行野外的调绘与补测，调绘工作可在印刷图或晒兰图上进行，按房产测量的外业调绘要求进行，调查时，特别要将权属情况和地物变化情况加以标注，便于根据测区的变化情况制定修测或补测计划。如测区内变化内容过大，还要进行重测。

修测或补测时，应在二底图上进行，尽量利用原控制点设站。如原控制点已破坏，或其密度满足不了要求，则应重新测定测站点。当变化较小时，也可采用距离交会法利用明显的固定的地物点交会补测个别地物点，界址点不能用明显地物点来交会。

补测的内容主要包括：境界线、界址点、界址线、界标物、新增地物，及其他地籍要素和必要地形要素。

(3)在二底图上进行必要的清绘，房产要素的编号及注记，制作成草编房产图。

(4)以草编房产图为底图，采用聚酯薄膜蒙透绘的方法制作房产图。根据房产测绘规范及图式要求，可舍去不需要的地物、地貌要素。

(5)最后根据需要通过印刷或晒兰，制作成印刷图或晒兰图。

五、数字成图

所谓数字成图，是指利用各种自动化绘图装置和以计算机为核心的外围设备，建立相应的自动化制图系统软件、功能软件、绘图软件和应用程序，借助计算机的分析、处理、编辑功能，实现地图制作。

数字成图在房产测绘中的应用是：利用全站仪、航测仪器及数字化仪分别对野外实地、航片、原图采集数据，经计算机的分析处理后运用自动绘图系统绘制房产图。

数字成图的特点是：它可以更好地描述和显示房产图中各要素的联系；可以存储更多的数据信息，能够根据用户的需求输出多种要素、任意比例尺的图件；可以方便地检索与更新；有利于房产数据库和房产信息系统的建立。

数字成图的详细内容见第七章，其作业流程见图 5-20。

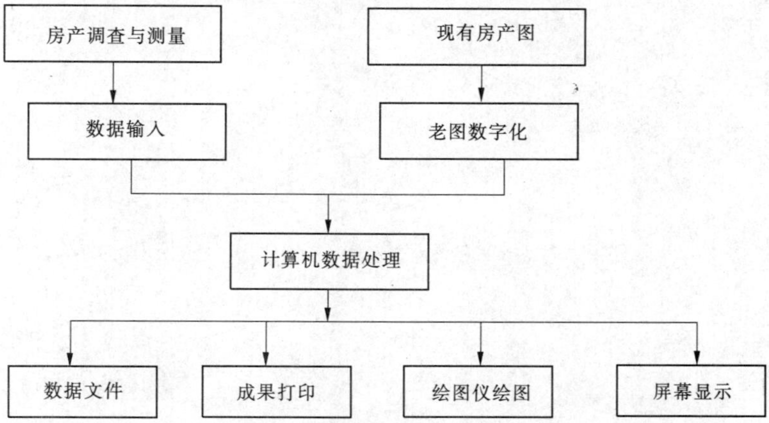

图 5-20　数字成图作业流程

思考题

1. 房产图分为哪几种？其采用的比例尺是多少？
2. 房产图(分幅图)是如何分幅与编号的？
3. 房产图的测绘内容有哪些？
4. 房产图的精度指标包括哪些？
5. 房产图的成图方法有几种？
6. 什么是数字成图？简述其工作流程。
7. 下图为房产分丘图上测得的一幢房屋,说出图上各注记的含义。

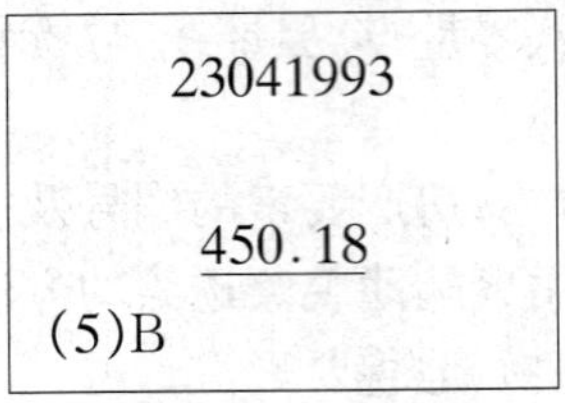

第六章 房产面积测算

第一节 概 述

房产面积测算是房产测绘中一项重要的工作。它为房地产产权产籍管理、核发权证、房地产开发等提供必不可少的资料;同时,也为房地产税费的征收、城镇规划和建设提供重要的依据。房产面积测算,是一项技术性强和精确度要求高的工作,关系到国家、房地产权属单位、开发商和个人的切身利益,所以房产面积测算是整个房产测绘中一个非常重要的组成部分。

房产面积测算是指房屋水平面积测算,分为房屋面积和用地面积测算两类,其中房屋面积测算包括房屋建筑面积测算、产权面积测算、使用面积测算、共有建筑面积的测算与分摊。房屋用地面积测算包括房屋占地面积的测算、丘面积的测算、各项地类面积测算及共用土地面积的测算和分摊。为了保证全国房产面积测算标准的统一,同时顾及全国各地对房地产面积测算方法的连续性,1987 年国家测绘局颁布了《地籍测量规范》,1991 年颁布了《房产测量规范》(行业标准),2000 年,国家颁布了《房产测量规范》国家标准,对面积测算提出了一些基本要求,作出了具体规定。这些要求和规定,保证了全国房地产面积测算标准的统一。房产面积测算的一般要求有:

(1)房地产面积的测算,均指水平投影面积的测算;

(2)各类面积的测算,必须独立测算两次,其较差应在规定的限差以内,取中数作为最后结果;

(3)边长以 m 为单位,取至 0.01m;面积以 m^2 为单位,取至 0.01m^2;共有建筑面积分摊系数至少保留五位小数;

(4)量距应使用经鉴定合格的卷尺或其他能达到相应精度的仪器或工具。

第二节 房产面积测算方法

房产面积测算的方法有很多,根据面积测算数据资料的来源,可分为坐标解析法、实地量距法和图解法三大类。房产面积的测算,主要采用前两种方法。房屋面积一般采用钢尺量距法,房屋用地面积大多采用界址点坐标解析法测算。图解法是在图上量取图形的长度或坐标计算面积,但由于其精度太低,房产面积测算几乎都不采用此法。

一、坐标解析法测算面积

坐标解析法测算面积是根据实地测量的房屋用地界址点或房屋墙角点的坐标数据,通过计算公式求得面积值。其面积计算公式为:

$$S = \frac{1}{2}\sum_{i=1}^{n} X_i(Y_{i+1} - Y_{i-1}) \text{或} \frac{1}{2}\sum_{i=1}^{n} Y_i(X_{i-1} - X_{i+1}) \tag{6-1}$$

二、实地量距法

实地量距法是在实地使用仪器如全站仪、测距仪或卷尺丈量图形的边长计算出图形的面积。实地量距法是目前房地产测量中最普遍的面积测算方法。房屋及其用地大都是由规则几何图形构成的，大多数可以直接量取其有关边长，计算出它们的面积。但也有一些房屋和用地的形状比较复杂和不规则，对这些复杂的面积，一种方法是测定其界址点的坐标计算面积；另一种方法是将整个面积分解成若干简单的几何图形，分别量取这些图形的有关边长和角度，再计算出它们的面积。表 6-1 列出了简单几何图形的面积计算公式。

表 6-1　几何图形计算面积公式

图形名称	图形	面积计算公式	备注
正方形	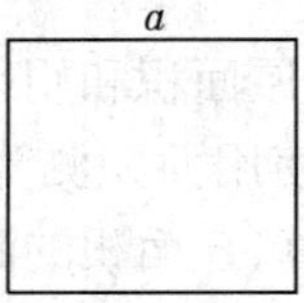	$S=a^2$	S 为图形面积 a 为边长
长方形	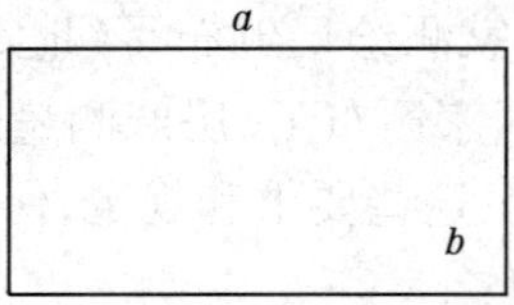	$S=ab$	a 为边长 b 为宽
三角形	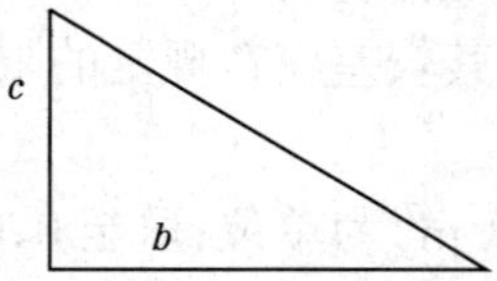	$S=1/2bc$	b、c 为已知边
平面四边形	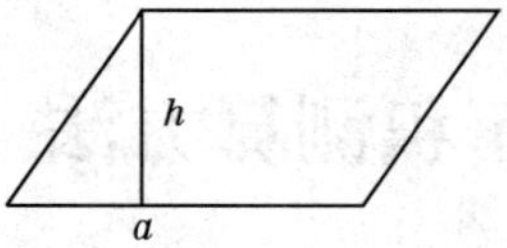	$S=ah$	a 为底 h 为高

三、房屋面积测算的精度要求

依据我国现行国家标准《房产测量规范》，房地产面积精度分为三级，各级房屋面积测算的精度要求见表 6-2 所示。对城市繁华地段、商业区以及某些特殊建筑物的房屋，或者产权人自己的要求可使用一级房屋面积精度标准，对城市的商品房或进入房地产市场的房屋面积应达到二级精度要求，其他房屋应达到三级房屋面积的精度标准。

表 6-2　房屋面积测算的中误差与限差　（单位：m^2）

房屋面积精度等级	房屋面积中误差(m^2)	房屋面积误差的限差(m^2)
一级	$\pm(0.01\sqrt{S}+0.0003S)$	$\pm(0.02\sqrt{S}+0.0006S)$
二级	$\pm(0.02\sqrt{S}+0.001S)$	$\pm(0.04\sqrt{S}+0.002S)$
三级	$\pm(0.04\sqrt{S}+0.003S)$	$\pm(0.08\sqrt{S}+0.006S)$

坐标解析法是利用图形上各顶点的坐标计算面积，其测算精度只与界址点坐标的测定精度有关。面积中误差按下式计算：

$$m_p = \pm m_j \sqrt{\frac{1}{8}\sum_{i=1}^{n} D_{i-1,i+1}^2} \tag{6-2}$$

式中　m_p——面积中误差，m^2；

m_j——相应等级界址点的点位中误差，m；

$D_{i-1,i+1}$——多边形中隔点对角线长度，m。

实地量距法测算面积只受边长或角度的测量精度及计算方法的影响。其面积误差可按表 6-2 的规定计算。其精度等级的选用，由各城市的房地产行政主管部门根据当地实际情况决定。

第三节　房屋建筑面积测算

房屋建筑面积是指房屋外墙勒脚以上的外围水平面积，包括房屋的附属结构，如室外楼梯、阳台、走廊等。房屋面积的测算以幢为单位，根据实地丈量的数据计算。依据国家标准计算面积的房屋应是具有上盖、结构牢固、有围护物并且层高在 2.20m 以上（含 2.20m）的永久性建筑物。在计算面积时，针对房屋的构件不同，其计算方法要分别对待。有些要计算全部建筑面积，有些只计算一半建筑面积，还有些不计算建筑面积。

一、计算全部建筑面积的范围

(1)永久性结构的单层房屋，按一层计算建筑面积；多层房屋按各层建筑面积的总和计算。对倾斜、弧状等非垂直墙体的房屋，层高（高度）2.20m 以上的部位计算建筑面积；房屋墙体向外倾斜，超出底板外沿的，以底板投影计算建筑面积。

(2)房屋内的夹层、插层、技术层及其楼梯间、电梯间等高度在 2.20m 以上的部位计算建筑面积。

(3)穿过房屋的通道、房屋内的门厅、大厅，不论其层高，均按一层计算建筑面积。门厅、大厅内的回廊部分按其水平投影面积计算。

(4)楼梯间、电梯（观光梯）井、提物井、垃圾道、管道井等均按房屋自然层计算建筑面积。

(5)房屋天面上，属永久性建筑，层高在 2.20m 以上的楼梯间、水箱间、电梯机房及斜面结构屋顶高度在 2.20m 以上的部位，按其外围水平投影面积计算。

(6)挑楼、全封闭阳台按其外围水平投影面积计算。

(7)属永久性结构有上盖的室外楼梯,按各层水平投影面积计算。

(8)与房屋相连的有柱走廊、封闭的架空通廊,按外围水平投影计算面积。

(9)地下室、半地下室、地下车间、仓库、商店、地下指挥部等及相应出入口,层高在2.20m以上的,按其外墙(不包括采光井、防潮层及保护墙)外围水平投影面积计算。

(10)突出墙外的有柱或有围护结构的门廊、门斗,按其外围水平投影面积计算。

(11)图书馆的书库、立体仓库、立体车库按结构层计算建筑面积。

(12)玻璃幕墙、金属板幕墙、石材幕墙或组合幕墙作为房屋外墙的,按其外围水平投影面积计算。

(13)坡地建筑物利用吊脚做架空层,层高超过2.20m以上且有围护结构的,按其围护结构外围水平投影面积计算。

(14)有伸缩缝的房屋,若其与室内相通,应计算建筑面积。

(15)体育馆、影剧院等房屋按实际层数计算建筑面积。体育场(馆)看台下空间加以利用的,其净高超过2.20m的,计算其建筑面积(多层按多层计算)。

(16)突出外墙的凸窗,进深大于0.60m、高度大于2.20m,且窗台高度小于0.40m,凸窗计算建筑面积。

二、计算一半建筑面积的范围

(1)与房屋相连有上盖无柱的走廊、檐廊,按其围护结构外围水平投影面积的一半计算。无围护结构的或围护结构大于上盖宽度的,按其上盖水平投影面积的一半计算。

(2)独立柱、单排柱的门廊、车棚、货棚、站台等属永久性建筑的,按其上盖水平投影面积一半计算。

(3)未封闭的阳台、挑廊,按其围护结构外围水平投影面积的一半计算。

(4)无顶盖的室外楼梯按各层水平投影面积的一半计算。

(5)有顶盖不封闭的永久性的架空通廊,按围护结构外围水平投影面积的一半计算。

三、不计算建筑面积的范围

(1)层高小于2.20m的房屋及房屋附属部位。

(2)突出房屋墙面的构件、配件、装饰柱、垛、勒脚、台阶、无柱雨棚等,以及有主墙体的玻璃幕、金属幕及其他材料幕墙。

(3)房屋之间无上盖的架空通廊。

(4)房屋的天面、挑台,房屋天面上的花园、泳池。

(5)顶层挑台的底板局部是下层房屋的上盖时,挑台整体不计算建筑面积。

(6)房屋的平台、花台、晒台及与室内不相通的类似于阳台、挑廊、檐廊等。

(7)建筑物内的操作平台、上料平台及利用建筑物的空间安置箱、罐的平台。

(8)骑楼、过街楼的底层用作道路街巷通行的部分;临街楼房挑廊下用作社会公共通道的,不论其是否有柱,是否有围护结构,都不计算建筑面积。

(9)屋面上有柱有盖但无围护结构的一些观景建筑设施。

(10)利用引桥、高架路、高架桥路面作为顶盖的建筑。

(11)广场式室外楼梯。

(12)独立烟囱以及亭、塔、罐、池、地下人防干、支线。

(13)与房屋室内不相通的房屋间伸缩缝。

(14)活动房屋、临时房屋、简易房屋。

四、成套房屋套内建筑面积的测算

成套房屋的套内建筑面积由以下三部分组成:

(1)套内使用面积:套内使用面积为套内房屋使用空间的净面积,按水平投影面积计算。一般根据内墙面之间的水平距离计算,内墙面的装饰厚度计入使用面积。

(2)套内墙体面积:套内自由墙体面积,全部计入套内墙体面积。套与套之间的共有墙体,套与公共部位的共有墙体,套与外墙(包括山墙),均按墙体中线计算套内墙体面积。

(3)套内阳台面积:套内阳台面积均按阳台外围与房屋外墙之间的水平投影面积计算,其中封闭阳台按水平投影计算全部建筑面积;不封闭阳台按水平投影面积的一半计算建筑面积;无顶盖的阳台不计算面积。

五、房屋用地面积测算

房屋用地面积测算以丘为单位进行测算,包括房屋占地面积、丘面积以及各项地类面积等。其中房屋占地面积是指房屋底层外墙(柱)外围水平面积,一般与房屋底层建筑面积相同。凡未编丘号的道路、河流等公共用地不计算用地面积。

一丘范围内的用地,按照不同的地类分别计算其用地面积,各地类面积总和应等于丘面积。丘面积的计算应尽可能利用界址点坐标采用坐标解析法计算;对于丘内地类面积测算可采用图解法或求积仪在图上量取,若地块为规则的几何图形也可实地丈量,采用几何图形解析法计算。

第四节 房屋共有分摊面积测算

一、房屋共有面积

房屋共有面积包括应分摊的共有面积和不应分摊的共有面积。应分摊的共有面积主要有室内外楼梯、电梯井、管道井、楼梯间、垃圾道、变电室、设备间、公共门厅、过道、值班警卫室等，以及为整幢房屋服务的公共用房和管理用房的建筑面积，以水平投影面积计算；还包括套与公共建筑之间的分隔墙，以及外墙(包括山墙)水平投影面积一半的建筑面积；多层房屋中突出屋面的梯间、有维护结构的水箱等。不应分摊的共有面积是除前所列之外，建筑报建时未计入容积率的共有面积和有关文件规定不进行分摊的共有面积，包括独立使用的机动车库、地下室、半地下室、车棚；人防工程的建筑面积；梁底标高不高于2m的架空结构转换层和架空作为社会公众休息或交通的场所等。由于房地产市场交易、办理房屋抵押贷款等适应社会经济发展的需要，共有面积的分摊必须符合有关法律法规的要求，严格按照技术规程的要求进行分摊计算。

二、共有面积的分摊原则

1.按文件或协议分摊

有面积分割文件或协议的，按其文件或协议分摊。这种情况一般是对一幢房屋有两个以上权利人而言，在实际情况中并不多见。

2.按比例分摊

无面积分割文件或协议的，按其使用面积的比例分摊，即：

各单元应分摊的共有面积＝单元套内建筑面积×分摊系数 k

式中：k＝应分摊的共有面积/各单元套内建筑面积之和。

3.按功能区分摊

对有多种功能的房屋(如综合楼、商住楼)，共有面积应参照其服务功能进行分摊，具体如下：

(1)对服务于整个建筑物的共有面积应共同分摊，否则按其服务的建筑功能分别进行分摊。

(2)仅服务于住宅的共有面积，计入住宅部分进行分摊；服务于住宅部分的电梯间、楼梯间，通过其他建筑功能的楼层，则按住宅部分面积和其他建筑面积的各自比例分配相应的分摊面积。

(3)建筑物报建时计入容积率的其他共有面积均应分摊。

(4)共有面积的分摊除有特殊规定外，一般按服务功能进行分摊，分摊时凡属本层的共有面积只在本层分摊，服务于整幢的共有面积整栋分摊，只为某部分建筑物服务的共有面积，只在该部分分摊。

(5)建筑物天顶部分的共有面积，如无特殊要求，则无条件由整幢建筑物分摊。

三、共有面积的分摊方法

1.住宅楼共有建筑面积的分摊方法

住宅楼的共有建筑面积以幢为单位进行分摊,根据整幢的共有建筑面积和整幢套面积的总和求取整幢住宅楼的分摊系数,再根据各套房屋的套内建筑面积,求得各套房屋应分摊的共有建筑面积。

各套房屋的分摊面积

$$\delta S_{Ti} = \frac{\Delta S_z}{\sum S_{Ti}} \cdot S_{Ti} \tag{6-3}$$

式中 $\frac{\Delta S_z}{\sum S_{Ti}}$——整幢房屋共有建筑面积的分摊系数;

S_{Ti}——各套(第 i 套)房屋的套内建筑面积,m^2,i 为套号;

$\sum S_{Ti}$——整幢房屋各套房屋套内建筑面积的总和,m^2;

ΔS_z——整幢房屋的共有建筑面积,m^2。

整幢房屋的共有建筑面积是由整幢房屋的建筑面积扣除各套建筑面积之和,并扣除作为独立使用的地下室、车棚、车库等和为多幢房屋服务的警卫室、管理用房、设备用房,以及人防工程等,即为该幢房屋的共有建筑面积。

2.多功能综合楼共有建筑面积的分摊方法

多功能综合楼是指具有多种用途的建筑物。按照谁使用谁分摊的原则,对各级共有建筑面积按照各自的功能和服务对象分别进行分摊,即进行多级分摊。参照国家标准《房产测量规范》的规定,采取由上而下的分摊模式,即首先分摊整幢的共有建筑面积,把它分摊至各功能区;功能区再把分到的分摊面积和功能区原来自有的共有建筑面积加在一起,再分摊到功能区各个层,然后再把分到的分摊面积和层的共有建筑面积加在一起,最后分摊至各套或各户。如果功能区内,各层结构相同,共有建筑面积也相同,则可免去这一级分摊,由功能区直接分摊至套或户。

3.商住楼共有建筑面积的分摊方法

商住楼共有建筑面积的分摊可参照多功能综合楼的分摊方法。首先根据住宅和商业等的不同,使用功能按各自的建筑面积将全幢的共有建筑面积分摊成住宅和商业两部分,即住宅部分分摊得到的全幢共有建筑面积和商业部分分摊得到的全幢共有建筑面积。然后住宅和商业部分将分摊所得的共有建筑面积再各自进行分摊。

住宅部分:将分摊得到的幢共有建筑面积,加上住宅部分本身的共有建筑面积,按各套房屋的套内建筑面积计算各套房屋分摊的共有建筑面积。

商业部分:将分摊得到的幢共有建筑面积,加上商业部分本身的共有建筑面积,按各层套内建筑面积依比例分摊至各层,作为各层共有建筑面积的一部分,加至各层的共有建筑面积中,得到各层总的共有建筑面积,然后再根据层内各套房屋的套内建筑面积按比例分摊至各套,求出各套房屋分摊的共有建筑面积。

第五节　房产面积测绘技术要求及技术报告

一、房屋的实地勘丈要求

1.房屋丈量工具及精度要求

(1)经检定的钢卷尺。使用钢卷尺量距时,钢尺两端应选取房屋的相同参考点,以保持钢尺处于水平位置,同尺2次丈量读数之差 ΔD 应满足:

$$|\Delta D| \leqslant 0.0005D \ (D > 10\text{m})$$

$$|\Delta D| \leqslant 0.0001D \ (D \leqslant 10\text{m})$$

(2)红外测距仪或全站仪。使用红外测距仪或全站仪测边时,应使测线离地面约1.2m,并使测线两端符合房屋边长。一测回读数较差 ΔD 应满足:

$$|\Delta D| \leqslant 0.01\text{m}$$

(3)手持式测距仪。经检定的手持式测距仪两次测量读数之差 ΔD 应满足:

$$|\Delta D| \leqslant 0.005\text{m}$$

2.进行房屋勘丈时边长的采集

(1)在进行房屋勘丈时,可按下列不同情况进行边长采集:没有建筑设计图纸的旧房屋,其边长全部实测获取。

(2)有建筑设计图的住宅楼、写字楼、公寓楼和只需提供整层面积的厂房、仓库、商业楼的边长数据,按如下办法采集:

①使用经批准的房屋建筑设计图到现场与实际建筑物从形状、结构、层数上进行全面对照。若实际建筑物形状、结构、层数与图纸上相符,则抽查测量部分房屋的边长,实测边长与图纸上尺寸之差绝对值符合≤$0.003D$ 的规定时(其中 D 为实测边长值,以 m 为单位,当 D 小于 10m 时,以 10m 计),则该房屋的边长可取用建筑设计图上的尺寸。

②抽查房屋边长应遵守选取具有代表性的和具有关键性的这一原则。具体是:房屋的总长度及总宽度、内外走廊的宽度、梯间面积中的两条边、住宅房每一套型中的两条边及阳台两条边、设备房两条边、消防避难层中非消防避难部分的两条边、屋面梯间及水箱间的两条边、写字楼的上下层中各一单元中的两条边。此外,在对照过程中有疑问的部分应实测。

③属下列情况的,整幢房屋边长全部实测:全面对照后,房屋三分之一以上楼层的形状或结构与图纸不符的。但房屋各楼层中均相同的个别部位不符者除外,如各楼层均加(少)建一阳台或一个管道井、垃圾道等;房屋的总长度或总宽度的实测值与图上尺寸之差超规定限值的;除总长度及总宽度外的其他抽查边中差值超限差的边数达50%以上的。除总长度或总宽度外,个别抽查边长与图纸上尺寸之差超限值时,应增加相应边的测量或该边的测量次数,该边长取用实测值计算面积。

二、房屋面积测绘技术报告

房屋建筑面积测绘和计算结果应形成包括封面、文字说明、数据表和平面图的“××

市房屋建筑面积测绘报告”。报告书以每幢、每次为单位独立、完整地装订成册。报告书应形成两份,向外提供和存档各一份。

预售面积计算依据的图纸编号记录、实地测量记录、面积分割协议复印件、建设工程规划许可证(规划设计要点)复印件及其他被采用为面积计算依据的文件,须另外装订成册存档。封面为“房屋建筑面积测绘依据及记录”。每形成一份房屋建筑面积测绘报告,须对应形成一份房屋建筑面积测绘依据及记录。

建筑面积测绘和计算说明主要是对整份资料的测绘和计算说明以及各有关人员的签名、测绘日期等。文字说明应包括测绘计算依据,即执行的有关规定及文件。其中的建设工程规划许可证或规划设计要点应填写其名称及编号;面积分割协议应填写其名称及签订日期。上述两种文件如果没有的,应在该栏目中填写“无”。文字说明部分还应备有其他说明的栏目,本栏如无其他说明应以斜线划去。

文字说明页还须标明本幢建筑面积资料的总页数。

房屋建筑面积测绘报告的数据表包括以下四种:

(1)房屋建筑面积总表;

(2)房屋公用建筑面积汇总表;

(3)房屋建筑面积分层汇总表;

(4)房屋建筑面积分户汇总表;

具体报告格式可参见本书附录二。

思考题

1.什么是房产面积测算?房屋面积测算包括哪些?

2.什么是房屋建筑面积、占地面积、使用面积、产权面积?

3.共有面积的分摊原则是什么?

4.共有面积的分摊方法有几种?

5.计算全部建筑面积的范围有哪些?

6.计算一半建筑面积的范围有哪些?

7.不计算建筑面积的范围有哪些?

8.房屋面积精度分几个等级,其限差各是多少?

9.房产面积测算的方法是什么?

10.房屋勘丈工具有哪些?其技术要求是什么?

11.房屋面积测绘技术报告包括几部分?

第七章　数字房产测绘

第一节　概　述

随着我国房地产管理法的颁布实施及住宅建设与房地产业迅猛发展，房地产业已成为当前推动经济发展的亮点，也成为我国当前的消费热点。因此，如何满足房屋产权的多元化，向公众提供准确及时的信息，对房屋产权产籍的管理工作提出了更多、更高的要求。如社会公众迫切要求规范售房面积，加快办证速度以及房屋频繁变更的需要等，用传统的手工作业方法进行房产测绘已不能满足要求，如何快速准确地进行房产测绘，提供准确及时的数据，提高政府部门公共管理的工作效率，已成为我们面临的重要任务。

近年来，测绘行业在计算机技术的不断渗入下，已打破了传统的模拟测绘方法，数字测绘技术占领了主导地位。其成图成果具有更规范、精度高、综合应用性强等特点，而且对于各用图单位进行规划、设计计算、综合管理等方面有极大的优越性，较好地满足了现代化房产管理的需要。

一、数字房产测绘概念

房产测绘技术和方法是当今测绘技术应用的集成，是与测绘技术和方法同步发展的科学技术的进步，计算机的普及与电子测绘仪器的应用，促进了测绘技术向自动化、数字化方向发展。数字房产测绘是数字测绘技术在房产测量中的应用，是以计算机为核心设备，在外连输入、输出设备及软、硬件的支持下，对各种房产信息数据进行采集、输入、编辑、绘图及管理的测绘方法。数字房产测绘是融房产测量外业、内业于一体的综合作业系统，其最大优点是在完成房产测量的同时还可建立空间及属性数据库，从而为实现现代化房产管理奠定基础。

二、数字房产测绘的基本特点

数字房产测绘是一种全解析的、机助测图的方法，与模拟白纸测图相比，具有明显的优势和广阔的发展前景。因为，它具有如下的特点：

(1)数字房产测绘技术，很好地适应了现代化管理的需要，使房屋产权发证配图、信息查询更为直接、方便，极大地提高了工作效率。

(2)数字房产测绘技术，较好地满足了房产测绘频繁的变更特性(随着拆迁改造的频繁进行，房屋状况不断发生变化，要求测绘单位根据房产管理的需要，及时进行房产图变更修测)，保证了房产图纸的现势性。

(3)数字房产测绘技术，使测绘内外业成一体化工作模式。在外业采集数据时，测量的精度有保证，消除了人为的各种误差来源，而且省略了读数、计算、展点绘图等工序，减轻了测站人员的劳动强度,外业工作效率大大提高。

(4)数字房产测绘技术,成图成果可以存在光盘上,也可以通过绘图仪绘在所需的图纸上,线条、线划粗细均匀,注记、字体工整,图面质量整齐划一。

(5)数字房产测绘技术,能大大提高商品房与房改房测量的精度,使房屋面积的准确性、法定性更强,维护了房屋买卖双方的合法权益,促进了房屋一级市场及二级市场的健康发展。

(6)数字房产测绘技术,在一定的软件、硬件条件下,在技术上很容易满足 GB17986《房产测量规范》要求,并且可以能动性地提高测绘人员的综合技术水平,提高单位的资质等级,在以后的市场竞争中立于不败之地。

三、数字房产测绘的作业过程

数字房产测绘的过程分为数据采集、数据处理和成果输出三个过程,如图 7-1 所示。

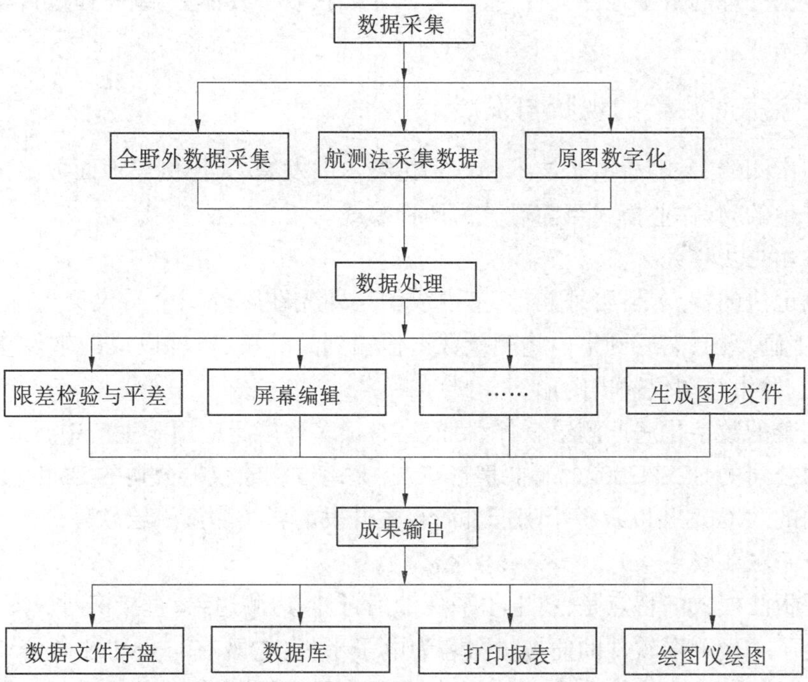

图 7-1 数字房产测绘流程

(一)数据采集

运用计算机处理房地产图形和数据,数据采集工作在整个测绘过程中占据了绝大部分比重,而数据采集又有多种方法。

1. 全野外数据采集

全野外数据采集是通过整体或分体式的全站型仪器,或通过测距仪、经纬仪等测角测距设备,对需要的地形要素以及房地产要素信息进行采集,采集的信息通过电子手簿或其他记录装置记录后,通过计算机存入磁盘或磁带载体。

2. 对已有房产图等资料的采集

对已有房产图的数据采集,可通过手扶跟踪数字化仪或扫描数字化仪进行数字化采集,其他有关信息则通过键盘输入。

3. 对航测资料的信息采集

可通过各类数字测图仪、解析测图仪或经过改装的具有数字化功能的模拟精密立体测图仪、立体坐标量测仪等,从航摄像片上采集有关房产测量需要的数字化成果资料。

(二)数据处理

随着数据采集工作的完成,在计算机上对数据进行处理和图形编辑处理是数字化测图必不可少的操作。数据处理的目的是为了消除数字化过程中引入的错误,以及将数字化数据重新组织,完成离散化的数据格式向图形数据格式的转换,以便于图形编辑处理,最终生成数字地图的图形文件。

(三)成果输出

通过数据处理的数字地图文件,我们可以存贮在数字载体上,或者通过自动绘图仪输出图形及数据。

四、数字房产测绘的现状与发展

数字房产测绘,是随着电子技术和计算机技术的发展,大比例尺地面数字化测图技术的成熟而产生的,其作业模式目前可分为两种模式。

1. 数字测记法模式

数字测记法的特点是:野外测记,室内成图。即先在野外用全站仪测量,电子手簿记录,同时人工画草图,然后到室内将测量数据传输到计算机,再辅以成图软件参考草图编辑成数字图,并由绘图仪输出图形。

较为完善的数字化房产测绘软件,目前已有很多并广泛应用于生产中,如广州开思测绘软件有限公司的SCSH2002(简称“房产三友”)、南方测绘仪器公司的BMF、上海亿图测绘软件公司的eMapSM以及各个房产部门自主开发的各类房产测绘软件。

2. 电子平板法模式

电子平板法模式的特点是:将电子平板带到野外,边测边绘,直接实时成图。

将安装了平板测图软件的便携机命名为电子平板,它既有与全站仪通信和数据记录的功能,又在测量方法、解算建模、现场实时成图和图形编辑、修改等方面超越了传统平板测图的功能。从硬件意义上讲,它完全代替了图板、图纸、比例尺、三角板、铅笔、橡皮等绘图工具,以高分辨率的显示屏作图面,所显即所测。真正实现了内外业一体化,外业工作完成,图也出来了。

随着科学技术的发展,房地产测量信息管理现代化已越来越被人们所重视。管理的现代化、决策的科学化将要求对房地产测量信息的处理方法由用手工操作到计算机处理等现代化技术,其作用也由一般统计发展为辅助决策,进而形成房地产测量信息系统,使其效用逐步升级。我国房地产业的振兴,期待着计算机等管理自动化技术的更广泛应用以及应用水平的逐步提高。

第二节　数字房产测绘的基本原理

一、野外数据采集的基本原理

(一)点的描述

传统测图的基本工作就是测定地形点的三维坐标,绘图员根据点的坐标(或角度与距离)将点展绘到图纸上,再依据测点间的关系连接并赋予相应的图式符号,从而绘制成图。而在数字测图中上述过程要由计算机及其软件自动完成,即自动识别、自动检索、自动连接、自动调用图式符号、自动绘出所测的图。为此,在数字测图时,必须对点赋予如下三类信息:①测点的位置;②测点的属性;③测点间的连接关系。也就是说,如果测得点位,又知道该点应与哪个测点相连,还知道它们对应的图式符号,那么计算机就可以将所测的图绘制出来了。

测点的位置,可用仪器在野外测量得到,最终以 X、Y、Z 三维坐标形式表示,并对测点同时赋予点号。绘图时,计算机根据点号可自动提取点的坐标。

测点的属性用地形编码来表示。根据编码计算机就可以知道点的特征及其相应的图式符号。显示成图时,利用测图系统中的图式符号库,计算机就可以从库中调出与该编码对应的图式符号成图。目前,地形编码的方案有多种,使用较多的是三位整数编码和四位整数编码。它们的第一位都是类别号,如按照《1∶500、1∶1 000、1∶2 000 地形图图式》(GB/T7929—1995),地形要素分为:①测量控制点;②居民地和垣栅;③工矿建(构)筑及其他设施;④交通及附属设施;⑤管线及附属设施;⑥水系及附属设施;⑦境界;⑧地貌和地质;⑨植被;⑩注记十大类,分别用 0～9 表示。

三位整数编码的后两位表示每一类中的各地形要素的顺序号,这样每一个地形要素就得用三位整数表示,例如导线点的编码为 005,一般房屋为 101 等。四位整数编码和三位整数编码的区别在于,每一类中把相近的地形要素放在一起(例如居民地中各种房屋放在一起),在第二、第三位用 01～99 的一个数码表示,然后用第四位表示这些地形要素的顺序号,这样每一个地形要素编码用四位整数表示。例如一般房屋编码为 1010,简单房屋为 1011。但应注意,地形要素与图式符号并非完全对应。例如按图式符号,大车路和乡村路的两边应绘成实线和虚线,因此在地形要素编码时,必须将路的实线边和虚线边分别编码。

测点间的连接关系,可分解为连接点和连接线型。当测点是独立地物时,只要用地形编码来表明它的属性,即知道这个地物是什么,应该用什么样的符号来表示。如果测的是一个线状或面状地物,这时就需要明确本测点与哪个点相连,以什么线型(直线、曲线或圆弧等)相连,才能形成一个地物。为了便于计算机的自动识别,线形也用数字代码表示,如直线、圆弧、圆和曲线可分别用 1、2、3、4 表示。另外,为了使一个地物上的点由点记录按顺序自动连接起来,形成一个图块,还需要给出连接的顺序码,例如用 1 表示开始,5 表示中间,6 表示结束。

综上所述,对每一个点来说,获取了描述点的三类信息,就具备了计算机自动成图的必要条件。

(二)野外数据采集的方法和步骤

传统的测量作业步骤是先控制测量后碎步测量,即应遵循“从整体到局部,先控制后碎部”。数字测量工作可以采用同样的测量步骤。有的数字成图软件还可以采用“一步测图法”或“一步法”测图,即在图根导线选点、埋桩以后,图根导线测量和碎部测量同步进行。

1.一步测图法

在采用“一步测图法”的作业过程中,图根控制测量与传统的作业方法相同,所不同的是在先进行图根控制测量的同时,即在施测下一个图根点的测站上,同步测量本测站的各碎部点并实时成图(这时的图根点坐标是未经平差的)。

待图根控制导线测量完毕时,由系统提供的程序对图根导线进行平差计算。若闭合差超限,则应查找出错误的症结所在,进行返工(返工工作量仅限于图根点的返工,而碎部点的原始的数据仍可利用)。若闭合差在限差范围之内,则可平差计算出各导线点的坐标。为提高测图精度,可根据平差后的导线点坐标值,重新计算各碎部点的坐标(称为碎部点坐标重算),然后再显示成图。

显然,采用“一步测图法”,可大大提高外业的作业效率。

2.碎部测量

大比例尺地面数字测图,通常采用极坐标法进行碎部测量,并记录全部测点信息。如遇特殊情况,则只选用软件所提供的其他碎部点的测量方法施测。

大比例尺数字测图碎部点的确定,除基本要求和传统平板仪测图碎部点的确定一致外,还需考虑数字测图计算机制图和测图系统的特点。碎部点的确定应注意以下几点:

(1)对于有方位的独立地物,应测定两个点的坐标,取两点的中点即为独立地物的中心位置,并以两点的连线确定符号的方位;

(2)任何依比例尺的矩形形状的地物,只要测出三个角点的坐标,第四个点的坐标可由程序自动计算;

(3)房屋的附属建筑(如台阶、门廊、阳台等)和房屋轮廓线的交点不必实际测量,而是按垂线法自动计算出交点的坐标;

(4)依比例尺的双线地物(如道路、沟渠、河流等),测定两侧边线特征的坐标;

(5)圆形地物应在圆周上测定均匀分布的三个点坐标。较小的圆也可测定对径方向的两个点的坐标;

(6)圆弧线一般应测定起点、终点和大致中间的一点;

(7)如测图系统给出标准图块,则必须按标准图块标注的点测定其坐标。

采用测记法模式数字测图,在进行碎部测量的同时还应现场认真绘制工作草图。工作草图是图形的信息编码,是碎部点间接坐标计算和人机交互编辑修改的依据,是保证数字测图质量的一项措施,必须随记录数据一起转交内业。如果测区有相近比例尺的地图,可利用旧图并适当放大复制裁成合适的大小作为工作草图。在这种情况下,作业员先进行测区调查,对照实地将变化的地物反映在草图上,同时标出控制点的位置,这种工作草图也起到工作计划图的作用。在没有合适的地图可作为工作草图的情况下,应在数据采集时同时绘制工作草图。工作草图应绘制地物的相关位置，点号标记，丈量距离记录，地理名称和说明注记等。草图可按地物相互关系一块块绘制，也可按测站绘制，地物密集处可绘制局部放大图。草图上点号标注应清楚正确，并和电子手簿记录点号一一对应。

采用电子平板进行数字测图，则不必再绘制草图，一旦记录碎部点全部信息后，便会自动计算出该点坐标值，并可实时展点、显示、成图。

二、数据处理

数据处理是数字化房产测量和成图软件中的一个非常重要的环节。因为数字化房产测量中数据类型涉及面广，信息编码复杂，其数据采集方式和通信方式形式多样，坐标系统往往不一致，这对数据的应用和管理是不利的。因此，对数据进行加工处理，统一格式，统一坐标，形成结构合理、调用方便的分类数据文件，将是数字化房产成图软件中不可缺少的组成部分。数据处理通常由数据预处理和数据处理组成。

（一）数据预处理

数据预处理的目的主要是对所采集的数据进行各种限差检验，消除矛盾并统一坐标系统。其具体内容大体上包括以下几个部分：

（1）对野外采集并传输到计算机内的原始数据进行合理的筛选、科学的分类处理，并对外业观测值的完整性以及各项限差进行检验。

（2）对未经平差计算的外业成果实施平差计算，从而求出点位坐标。

（3）若利用原图数字化采集的数据，则应考虑图纸的伸缩变形和平面坐标的变换。平面坐标的变换是根据数字化四个图廓点的坐标采集和键盘输入的相应点高斯坐标的对应关系，求出坐标系的平移和旋转参数，最后使两坐标系统一。

在软件处理时，一般规定当图廓实际尺寸与理论尺寸相差 ± 0.3mm 以上时，则需进行图纸伸缩变形的计算与改正。

经预处理后的房产数据信息，将形成具有一定格式的数据文件，如控制点数据文件、界址点数据文件、地物碎部点数据文件等。

（二）数据处理

经预处理之后的数据，已进行了分类，形成了各自的文件。但这些数据文件还不能直接用来绘图，真正可用来绘图的文件，尚需进一步处理才行。数据处理模块主要包含以下几个部分：

（1）对碎部地物点数据文件作进一步处理，检验其地物信息编码的合法性和完整性，组成以地物号为序的新的数据文件，并对某些规则地物进行直角化处理，以方便图形数据文件的形成。

（2）对界址点数据文件作进一步处理。界址点测量的数据结构一般采用拓扑结构，界址点信息编码亦应按此结构的要求设计和输入。在数据处理时，软件首先对信息编码的正确性进行检验，然后自动连接成界址链。这种数据结构，不仅体现了多边形的形状，而且便于根据观测数据计算出各丘的面积，通过输入界址链的左、右丘号，可清楚地反映各丘的毗邻关系。

（3）根据新组成的数据文件，由文件中信息编码和定位坐标，再按照绘制各个矢量符号的程序，计算出自动绘制这些图形符号所需要的全部绘图坐标（高斯直角坐标）及相应的绘图仪抬落笔指令，最终形成图形数据文件。

三、图形输出

绘制出清晰、准确的房产图是数字化房产测量工作的主要目的之一，因此图形输出就成为必不可少的重要工作。界址点、地物和权属数据，经过数据处理之后所形成的图形数据文件，数据是以高斯直角坐标的形式存放的，而图形输出无论是在显示器上显示，还是在绘图仪上自动绘图，都存在一个坐标转换的问题。

（一）图形截幅

在数字房产测量野外数据采集时，常采用全站仪等设备自动记录或手工键入实测数据，并未在现场成图，因此对所采集的数据范围需要按照标准图幅的大小或用户确定的图幅尺寸进行截取，对自动成图来说，这项工作就称为图形截幅。也就是将图幅以外的数据内容截除，把图幅以内的数据保留，并考虑成图比例尺和图名图号等成图要素，按图幅分别形成新的图形数据文件。

图形截幅的基本思路是首先根据四个图廓点的高斯直角坐标，确定图幅范围；然后，对数据的坐标项进行判断，利用在图幅矩形框内的数据及由其组成的线段或图形，组成该图幅相应的图形数据文件，而在图幅以外的数据及由其组成的线段或图形，则仍保留在原数据文件中，以供相邻图幅提取。

（二）图形显示与编辑

要实现图形屏幕显示，首先要将用高斯直角坐标形式存放的图形定位，并将这些数据转换成计算机屏幕坐标。高斯直角坐标系 X 轴向北为正，Y 轴向东为正；对于一幅图来说，向上为 X 轴正方向，向右为 Y 轴正方向。而计算机显示器则以屏幕左上角为坐标系原点，X 轴向右为正，Y 轴向下为正，X、Y 坐标值的范围则以屏幕的显示方式决定。因此，只需将高斯坐标系的原点平移至图幅左上角，再按顺时针方向旋转 90°，并考虑两种坐标系的变换比例，即可实现由高斯直角坐标向屏幕坐标的转换。有了图形定位点的屏幕坐标，就可充分利用计算机语言中各种基本绘图命令及其有机组合，编制程序，自动显示图形。

在屏幕上显示的图形可根据野外房产草图或原有地形图进行检查，若发现问题，用程序可对其进行屏幕编辑和修改。经检查和编辑修改而准确无误的图形，软件能自动将其图形定位点的屏幕坐标再转换成高斯坐标，连同相应的信息编码保存图形数据文件中（原有误的图形数据自动被新的数据所取代）或组成新的图形数据文件，供自动绘图时调用。

（三）自动绘图

人机交互编辑形成的数字房产图图形文件，可以用磁盘等贮存，向用户提供数字图；也可以通过数控绘图仪自动绘制在图纸上，向用户提供模拟图。在绘图仪上输出时，按不同的要求，既可分层输出、分幅输出或合幅输出，也可放大或缩小输出。其操作步骤如下：

（1）输入图幅号。根据图幅号，绘图程序即可自动找到对应的绘图文件。

（2）确定是否全绘。若全绘则转入第（5）步执行，选择某一层或某一区域进行绘制。

（3）分层输出。输入要绘制的地物层号，即可自动绘制出某一层的地物。

(4)开窗输出。在实际工作中,有时只需要输出图幅内某一区域,这时只要输入该区域窗口左下角和右上角的坐标,即确定输出窗口坐标,程序则会自动将窗口外的内容裁剪掉,而将窗口内的内容按原样输出。

(5)输入绘图比例尺。输入新的绘图比例尺,则按此比例尺对图幅内的内容进行放大或缩小输出。如不输入新的绘图比例尺,则按生成绘图文件时的比例尺输出图幅内的内容。

(6)图廓整饰。图廓整饰将直接影响到图面的质量和美观程度,其内容包括外图廓线、内图廓线、坐标格网线、接图表、绘图比例尺、测量员姓名、绘图员姓名、检查员姓名、测图坐标系、测图日期、测图单位、图名和图号等。

(7)绘图仪开始绘图。这时计算机向绘图仪发送绘图数据,指挥绘图仪输出满足要求的房产图。

第三节　数字化房产测绘软件

目前,在国内市场上有许多较为成熟的房产测绘软件,其中应用较广泛的主要有南方测绘仪器公司的“房测之友 BMF”、广州开思的“房测三友”、上海亿图测绘软件公司的 eMapSM 以及各个房产部门自主开发的各类房产测绘软件。这些软件均可按照房产测量规范的要求进行面积的分摊、图件绘制,并按要求生成相应的报表及相关的技术报告。下面以南方测绘仪器公司的“房测之友 BMF”为例,简要介绍其功能及使用。

“房测之友 BMF”(房屋面积测算及管理系统)是以具有强大图形编辑处理功能的 AutoCAD 作为底层平台,以大型数据库 SqlServer2000(或 ORACLE)进行数据管理,利用 VisualC + + 集成开发环境和 ObjectARX2002 SDK 作为开发工具的一套集房产测绘工程管理、房产信息采集、房产图形绘制、房屋面积分摊计算及相关统计查询和报表制作等功能于一体的专业房产测绘软件,是为房产测绘部门量身定制的专业房产测绘数字化解决方案。

一、功能简介

“房测之友 BMF”具有以下功能:

(1)吸收工程项目管理的思想,对房产测绘项目进行统一管理和进度监控。

(2)无限级别全自由面积分摊,分摊过程界面化。

(3)生成详细的面积分摊计算公式。

(4)可以实现相同楼层和幢信息复制。

(5)通过交互界面定义功能区和共用区,过程可视化,分摊更简单。

(6)采用 excell 组件,自动生成完整齐全的成果报表。

(7)房产成果图利用模板的方式生成,可以方便地实现地方定制。

(8)可以实现单幢数据的导入导出。

(9)规范完整的房产图符号,能够生成完美的分幅图和分丘图。

(10)能够与房产精灵、测图精灵、全站仪等外设进行连接。

(11)采用大型的 SqlServer2000 数据库，对操作人员进行权限管理，能够保证数据的安全性。

二、软件界面

“房测之友 BMF”的工作界面如图 7-2 所示。

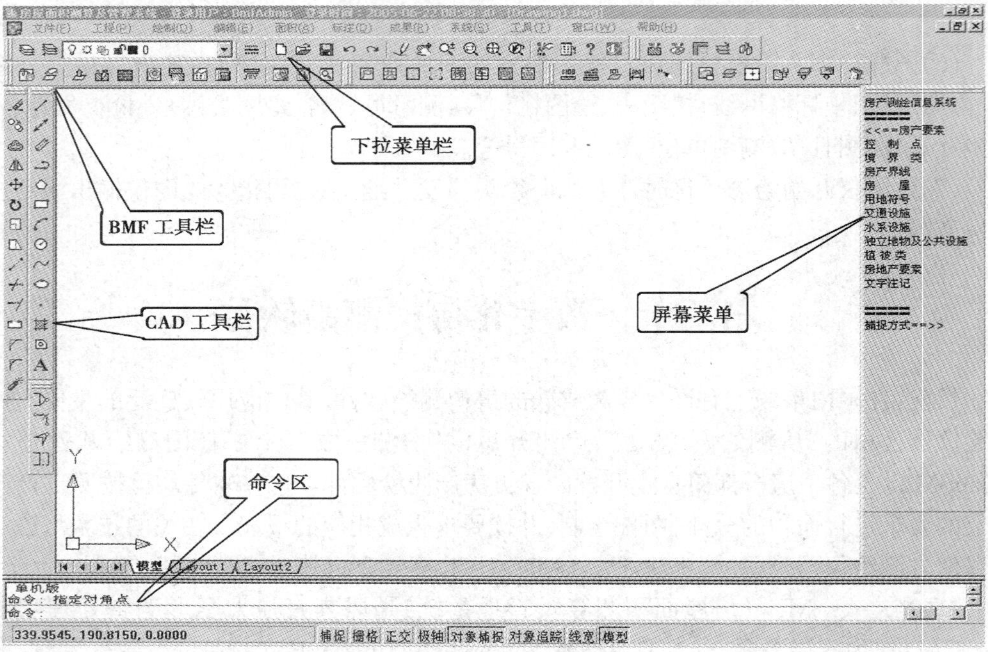

图 7-2 系统界面图

三、“房测之友 BMF”的使用

“房测之友 BMF”是以 AutoCAD 为底层平台进行开发的，系统的所有命令和 AutoCAD 的编辑命令都在顶部的下拉菜单中，例如文件管理、编辑、面积、成果等。下面简要介绍其使用。

(一)新建项目

在使用“房测之友 BMF”进行房产测绘时，我们需要新建一个工程，点击“工程”菜单“测绘信息”，系统会弹出如图 7-3 所示的界面，在该窗口中，可以新建、删除、编辑工程信息、幢信息和楼层户室、单元信息。

在“项目信息”选项中我们可以填写项目名称、测绘单位、测绘内容、联系人及联系电话等基本信息，其中项目编号为系统自动生成。

在“幢信息”选项中我们可以填写“丘信息”，包括图幅号、行政区、房产区号、房产分区号、分丘号；“幢信息”包括幢号、层数、结构、建成年份、开发商、产权性质、产权来源等幢信息。

在“楼层户室”选项中我们可以对本幢房屋划分单元等基本信息。

填写完毕后点击“关闭”退出测绘信息界面。

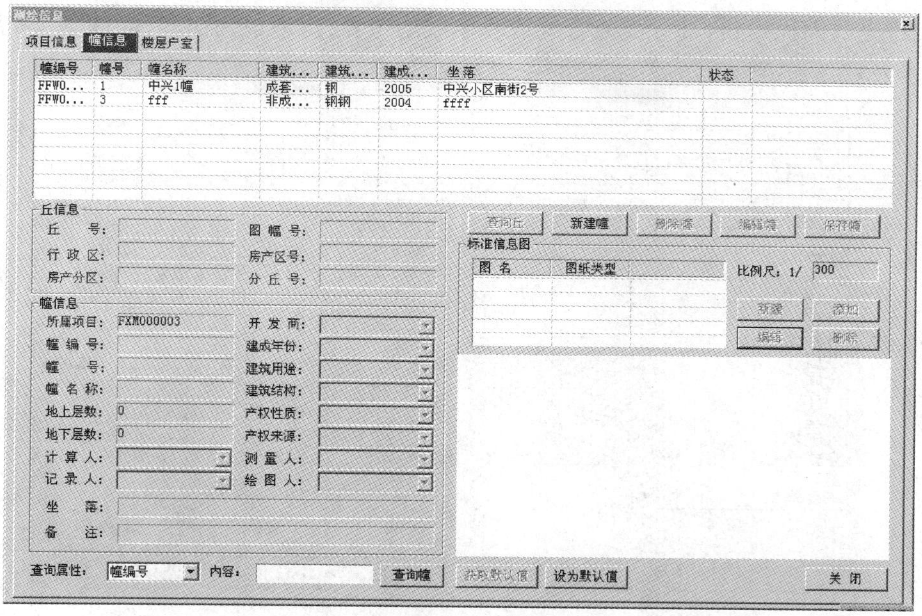

图 7-3　测绘信息窗口

(二)面积测算

在"房测之友 BMF""面积"菜单中提供了面积分摊计算的内容,如图 7-4 所示。

(1)设置当前楼层:设置当前需要编辑属性图形的所在楼层,如图 7-5 所示。

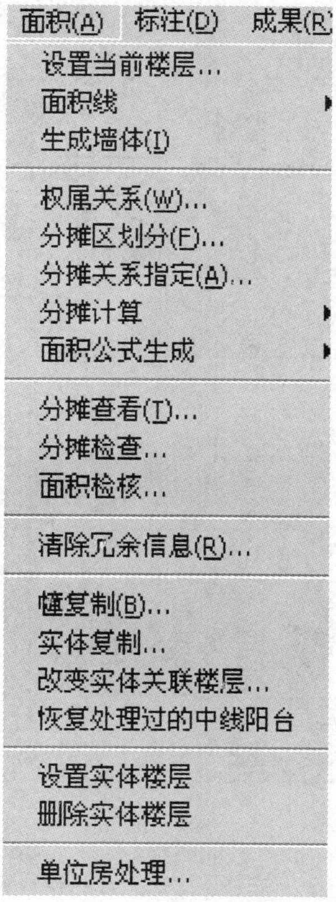

图 7-4　面积菜单

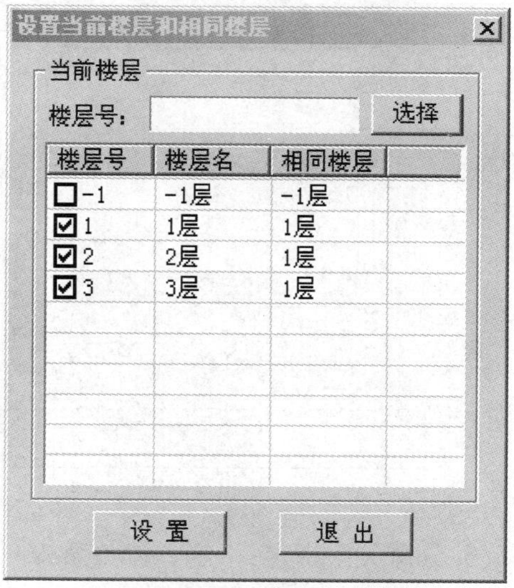

图 7-5　设置当前楼层信息

(2)提取面积线:自动寻找复合线或者单线的边界,提取成为面积线,如图 7-6 所示。

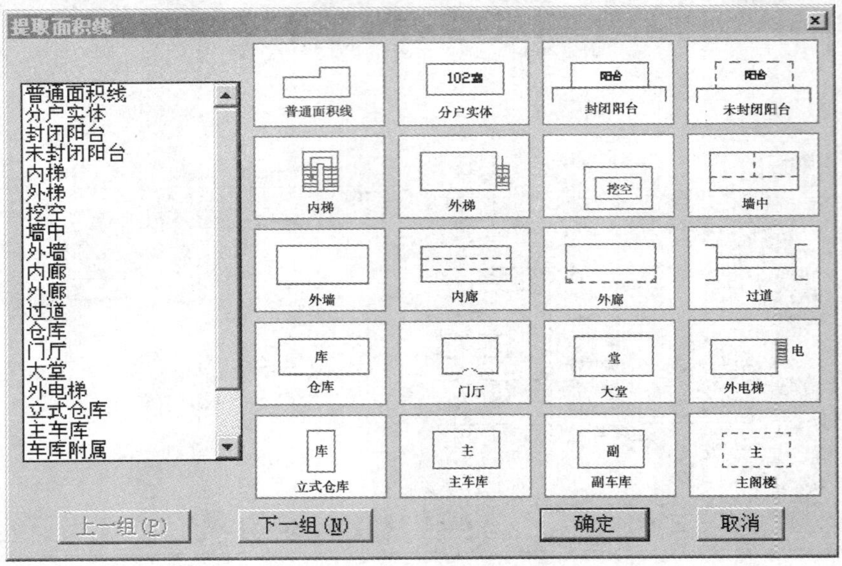

图 7-6　提取面积线窗口

(3)生成墙体:根据面积线,生成半外墙。

(4)分摊区划分:划分分户实体、阳台、车库等的功能区及其过道、楼梯等共用区,如图 7-7所示。

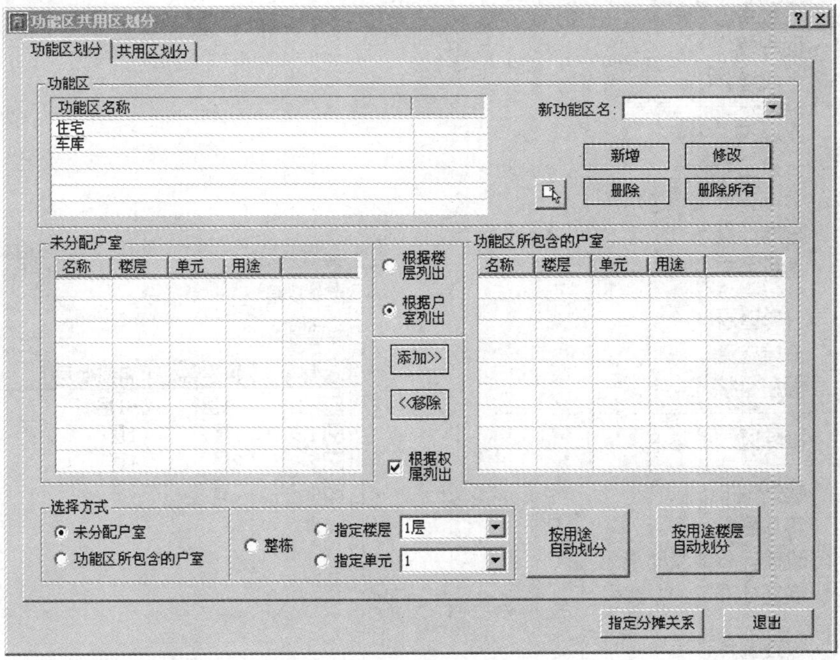

图 7-7　分摊区划分

(5)分摊关系指定:指定分摊关系树。

操作过程:左键点取本菜单后,系统自动弹出如图 7-8 所示的窗口。

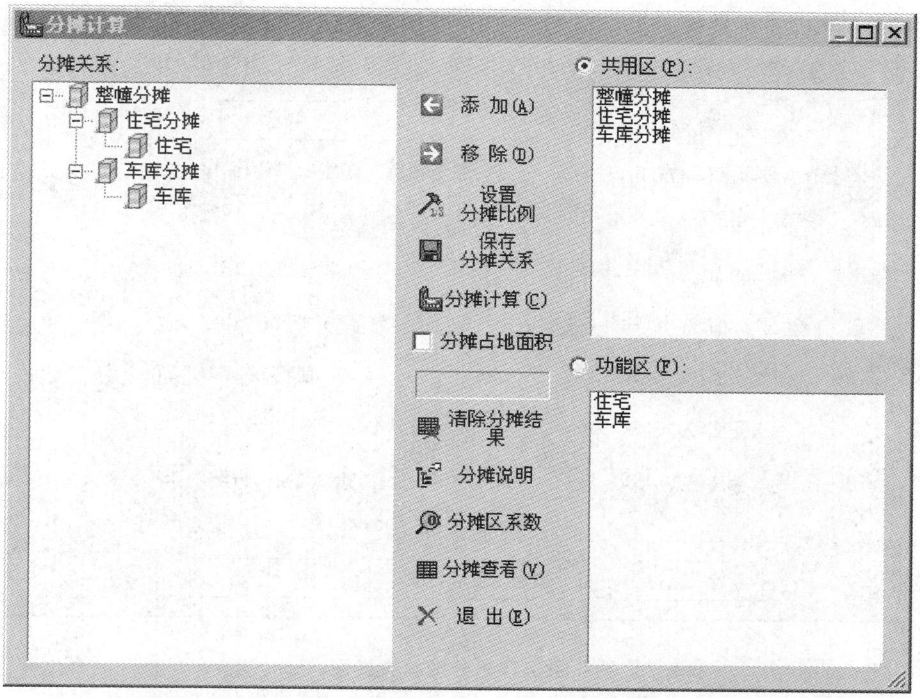

图 7-8　指定分摊关系

(6)分摊计算:自动进行面积分摊计算。

(7)面积公式生成:生成户室、楼层、幢的详细计算公式。

(8)分摊查看:对分摊结果进行查看,如图 7-9 所示。

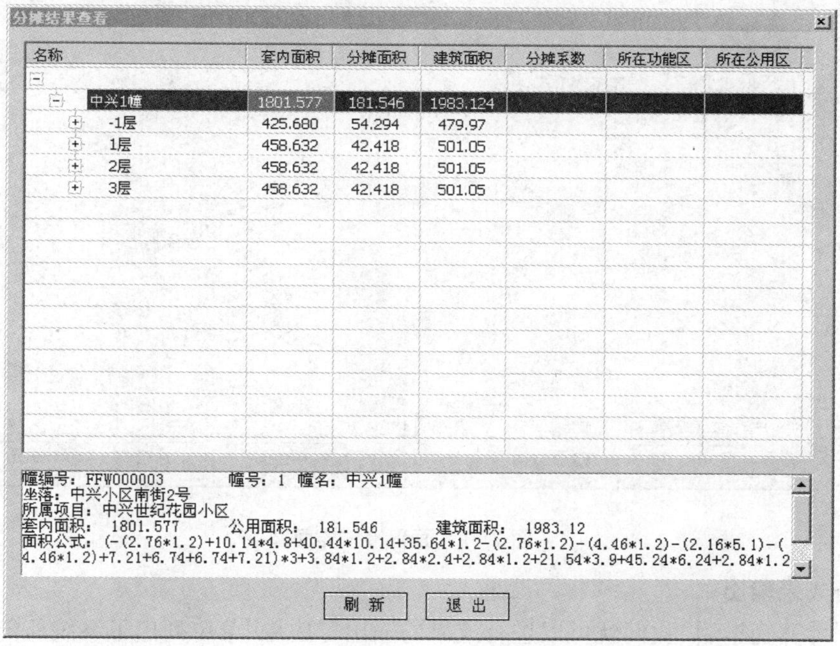

图 7-9　分摊结果查看界面

(9)分摊检查:对某幢分摊前的数据和分摊后的数据进行检查,如图 7-10 所示。

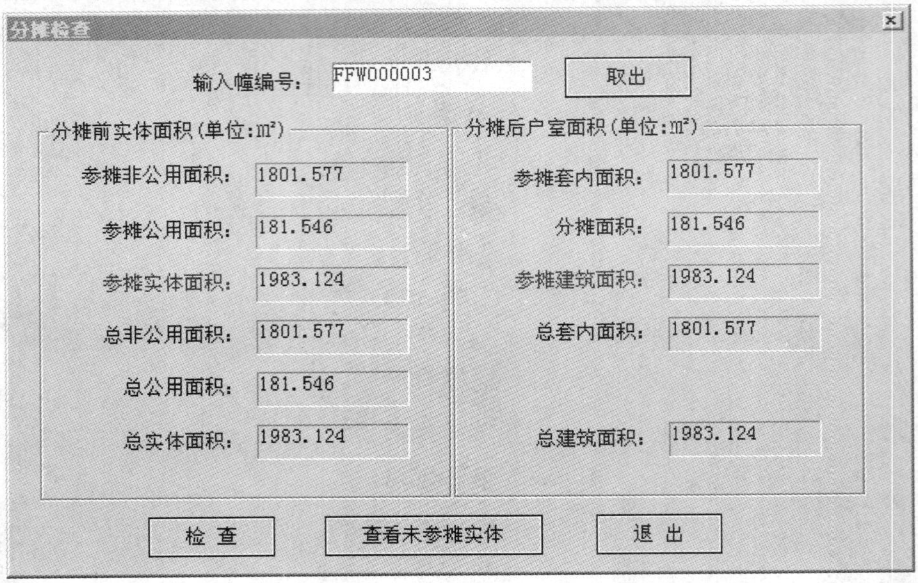

图 7-10　分摊检查界面

(10)面积检核:对分摊结果数据和公式结果数据进行对比检核,如图 7-11 所示。

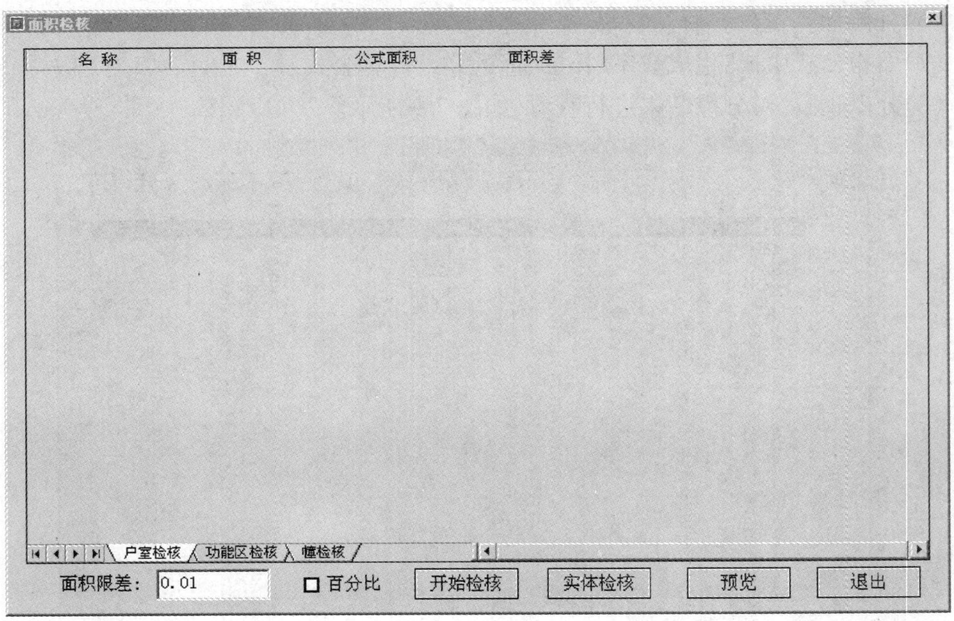

图 7-11　面积检核界面

(三)成果输出

面积计算完毕后,我们就可以进行成果的输出,“成果”菜单列出了系统所能够生成的房产图形和报表等一些成果,如图 7-12 所示。

(1)生成报表:BMF 可以生成详细的房产面积测算报告、分户面积明细表等报表,如

图 7-13 所示。

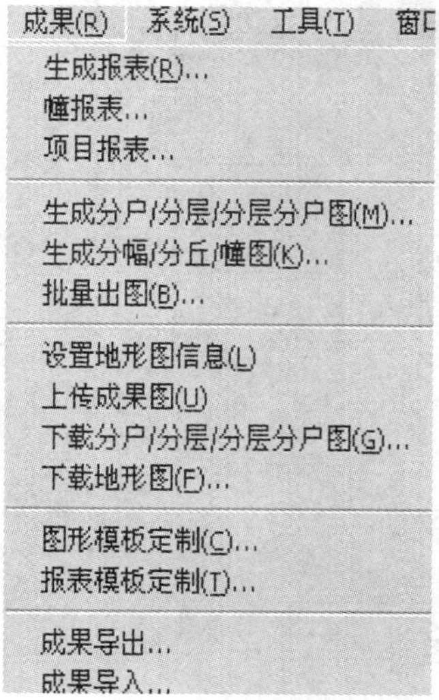

图 7-12 **成果菜单**

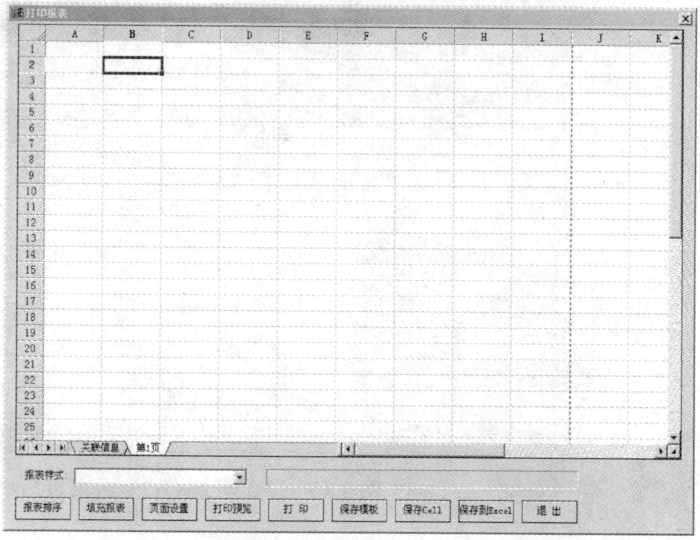

图 7-13 **生成报表窗口**

(2)生成分户/分层/分层分户图:生成房产分户、分层、分层分户图,如图 7-14 所示。

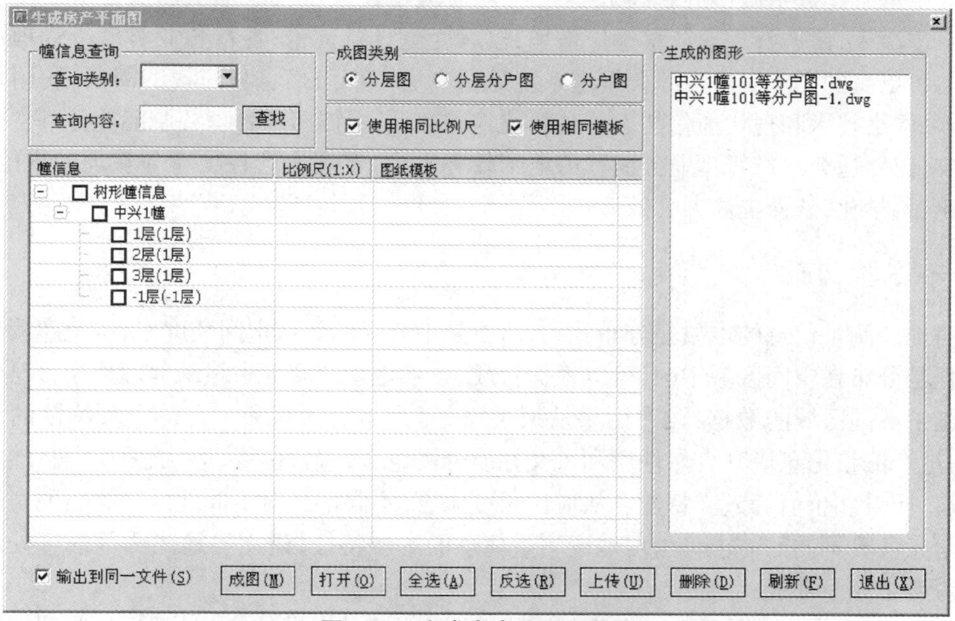

图 7-14 **生成房产平面图界面**

(3)上传成果图:将本地的图形上传到数据库中。

(4)下载分户/分层/分层分户/幢图:在数据库中根据某些条件下载已经生成好的分层/分户/分层分户/幢图。

操作过程:左键单击该菜单,系统会弹出如图 7-15 的窗口。在该窗口中选择好下载图形类别,输入相关查询条件,即可查找到相关成果图形。

图 7-15　下载分层/分户/分层分户/幢图

第四节　房产管理信息系统简介

数字房产是数字城市的基础工程之一,随着城市建设步伐的加快以及住房制度改革的进一步深入,房产管理业务量迅速增加,权属变更日益频繁,各行各业对房产管理水平也提出了更高的要求。房产综合管理系统是适应房产部门信息化建设的需要,利用计算机技术、网络技术和现代通信技术等高新技术和产品,根据房产管理各职能业务日常办公的需要,建立适合房产管理业务流程的电子政务平台,实现房产各项业务管理的规范化、现代化、科学化,从而提高办公效率、方便群众、实现信息共享。

一、系统功能

房地产测量信息的本质是分布式的,而不是中心式的。从空间角度看,房地产测量地理数据是分布在空间区域中的,可以根据行政、自然地理区域等来组织地理数据,采集、管理和维护不同区域的数据,没有因果从属关系,而是相对独立和平行的。从特性的角度看,房地产测量信息以其自然性质和人文性质分类组合,包含位置、形状、面积等自然特性和权属、质量和价值等人文特性。从应用角度来看,不同部门对不同地区和类型的房地产测量信息各具不同的需求。由房地产测量信息的本质特征,建立房地产测量信息处理系统时应考虑如下功能:

(1)产权产籍及市场管理业务系统:系统应当能够对房屋的产权从登记、监理、预警、变更、注销、转移、转让到归档的整个流程进行计算机化管理,实现登记、查询、统计、打印发证等功能。

(2)测绘管理子系统:包括测绘业务管理与测绘市场管理,实现测绘业务办理及资料、文档、人员等的管理,其中测绘业务办理是管理的重点,采用工作流技术,实现测绘业务(期房预测和现房勘测)窗口收件、组长派工、组员办案、业务审查、编制报告、队长审批、收费归档等一系列工作流程的控制和管理。

(3)项目测绘子系统:项目测绘子系统是专门针对房产项目测绘分层分户图面积计算及分摊开发的应用系统,可实现房产测绘面积计算、分摊处理、分层分户图及各类面积表格的输出。它根据房产项目测绘勘丈数据,在编辑绘制房屋分层分户图的同时,通过定义户室和公用区域、智能生成半墙等功能,自动合理分摊,所绘图形即可表达各种数据,并可对数据结果进行有效的管理和利用。另外,它实现了与测绘业务子系统的无缝关联,项目测绘的成果数据可以极为方便地被测绘业务管理子系统使用,并且本系统部分功能模块测绘业务管理子系统可以直接调用。本系统包括房屋信息管理、图形编辑、面积计算等模块。

(4)基础测绘子系统:数据是GIS系统的源头,基础测绘子系统实现全数字化的基础测绘,通过使用各种测绘仪器,采集房地产测绘点坐标,绘制包括地产属性的分幅分丘图、录入房屋勘测属性数据、填写房屋调查信息。系统包括工程项目管理、控制点管理、数据维护与管理及制图输出等模块,提供了强大的编辑功能,如图形编辑、属性编辑、捕捉功能及数据导入导出等。

(5)综合查询子系统:通过调用“房产综合信息库”的信息,可以进行“房屋产权库信息”、“房屋分幅分丘数据”、“房屋分层分户数据”以及“房屋产权产籍电子档案数据”等各类信息的综合查询检索,能实现图形与属性的互查、结果输出等功能。

(6)统计报表子系统:统计报表子系统是在查询检索的基础上,根据特定条件,进行统计,并出具统计结果,包括报表、饼图、直方图、图形等形式。

(7)分析决策子系统:分析决策子系统在房产数据、城规数据、地理数据等各类支持下,利用模糊数学、概率统计、系统工程等数学方法,建立各类分析决策模型,从而为城市房地产建设提供决策依据,包括房屋产权信息分析、房地产拆迁分析、道路拓宽分析、房地产价格评估分析等模块。

(8)政务办公子系统:政务办公子系统是政府机关的日常事务管理应用系统,实现本单位与上下级单位之间的公文运转、信息交流和信息共享,主要包括公文管理、车辆管理、会议管理、办公用品管理、档案管理、信访管理、个人服务等功能。

(9)住宅与房地产信息网子系统:主要用于向市民发布有关房产方面的政策法规、办事流程、明星楼盘、行业动态等相关信息,包括新闻中心、政府在线、产品发布、楼市楼盘、家居装饰、数字地图、交易市场、电子信访等栏目。通过此系统,展示房产局的工作成果,提供政府与市民的交互平台。

(10)多媒体功能:GIS系统所使用的图形符号和地理数据大多是抽象的,利用多媒体手段,将抽象的点、线、面等图符配以声音、动画、照片、图表、文字等,多角度、多层次地再现房屋特征,使系统产生的信息更直观、易于接受和理解。

此外,在进行系统设计时,还应考虑数据备份、系统维护以及系统安全等方面的功能。

二、系统设计

(一)系统平台选择

为了满足实现房地产以图管房、图文相关信息多平台查询等功能的要求,且随着网络技术的不断发展,采用以Client/Server方式为主、Browser/Server方式为辅的混合体系结

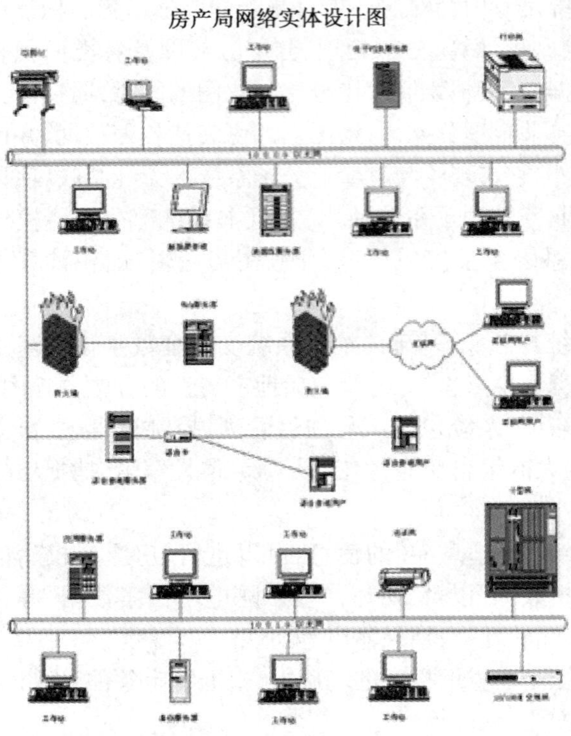

图 7-16　系统网络结构图

构能很好地满足用户的需求。其中，C/S 方式主要用于业务处理和数据维护，由于 C/S 方式具有良好的交互性，能够满足房产管理中对图形数据的大量操作和对系统相应时间的要求；B/S 方式主要用于查询和浏览，客户端只需要普通的浏览器即可。

在系统实现中，有众多的 GIS 平台可供选用，例如 ArcGIS8、ARCINFO 7.0 等，数据库采用 Oracle8、SQLServer 等，开发工具可选用 VisualC++6.0、VisualBasic 6.0、JBuilder7.0等。

(二)网络结构

网络结构图如图 7-16 所示。

(三)功能结构

系统功能结构图如图 7-17 所示。

房产综合管理系统是一个包括了产权产籍、测绘管理、项目测绘、基础测绘、分析决策及 Web 信息发布的综合性管理信息系统，它可以快速、准

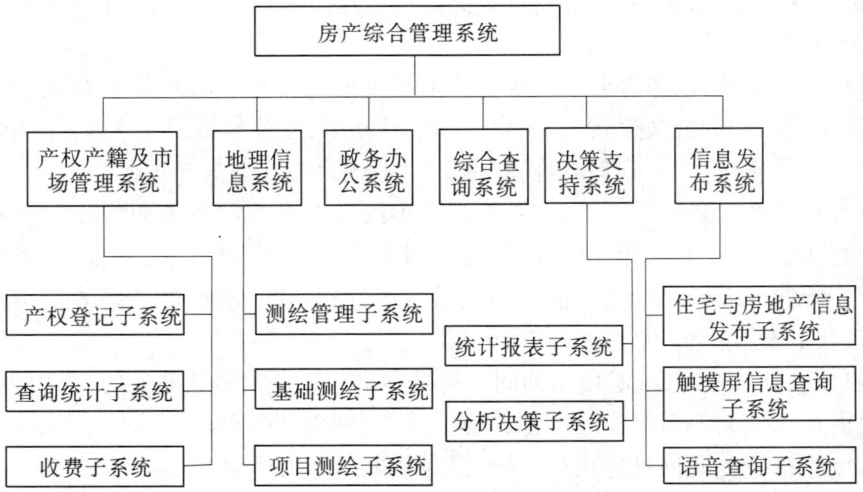

图 7-17　系统功能结构图

确、及时地反映城市房产分类和产权归属的现状，为城市建设和管理决策提供准确可靠的依据，使政府的城市建设管理从定性化发展到定量化，从而有效地提高了城市房屋产权产籍的管理水平。建立房产综合管理系统是实现“数字化城市”目标的必由之路。

思考题

1. 什么是数字房产测绘？其特点有哪些？
2. 数字房产测绘的工作过程由哪几部分组成？
3. 常用的数字房产测绘软件有哪些？

第八章　房产变更测量

第一节　概　述

房屋变更测量是指房屋发生买卖、交换、继承、分析(割)、新建、拆除等涉及权界调整和面积增减变化而进行的更新测量。

房产变更是经常发生的一种动态变更,为了保持房产图、房产资料的现势性和准确完整性,使其满足产权登记与变更登记的需要,必须要根据房产的变更及时进行房产的变更测量。

房产变更测量包括房屋现状变更测量和房产权属变更测量。现状变更要为权属变更服务,权属变更又直接影响现状变更。权属变更测量具体反映在产权证附图与登记档案上,属于产权登记证明测量,其所提供的产权证附图具有法律效力,它属于官方测量,是一种政府行为的测量,必须要做到变更有据。现状变更测量具体反映在分幅图和分丘图上,属于修补测量分幅图。房产权属变更测量应做到变更有合法依据,对原已登记发证确认的房屋及其用地权属界线范围和面积,以及权证的附图是不能任意更改和重绘的,这是一项基本要求。变更测量后须对房产资料进行补充和修正,为房产日常的转移和变更登记提供可靠的图籍和面积等数据。

一、房产变更测量的内容

(一)房屋现状变更测量的内容

(1)房屋的新建、改建或扩建未经房产初始登记的房屋,房屋实地位置、房屋的结构、层数、平面图形发生变化的;

(2)房屋的损坏与灭失,包括全部拆除或部分拆除、自然倒塌或烧毁的未经注销或变更的房屋;

(3)围墙、栅栏、篱笆、铁丝网等房屋围护物,以及房屋附属设施的变化;

(4)市政道路、广场、河流的拓宽或改建,以及河流、水塘、沟渠等边界的变化;

(5)房屋坐落(地名、门牌号)的更改或增设;

(6)房屋及其用地分类的变化;

(7)行政境界的变化(如市辖区界的调整,涉及房地产编号的更正)。

(二)房产产权权属变更测量的内容

(1)产权初始登记后发生房屋买卖、交换、继承、分析(割)、赠与、兼并、入股等房产交易活动引起的所有权和使用权的转移或变更;

(2)房屋用地界线、界址的变化,包括房屋因合并、分析(割)、自然坍塌以及截弯取直引发房屋占地范围的调整;

(3)征拨用地、出让或转让土地使用权而引起权利范围的变化；

(4)法院等司法部门裁决的房产转移和变更，以及房产管理部门按政策处理的接、代管和发还的房屋；

(5)房屋他项权利(抵押、典当、地上权、地役权)设定权利范围变更或注销；

(6)房产权利人自行申请更正(主要是权属面积和权属范围的补正)，发证单位因申请人隐瞒事实、伪造有关证件等引发错证的补充和更正。

二、房产变更测量的方法

根据房地产变更的有关资料，先进行房地产变更调查，再进行新权界位置和面积的测定，调整好有关的房地产号，最后进行房地产内部资料的处理。

(一)变更测量的顺序

根据房产现状变更和权属变更资料，先进行房产变更调查，包括现状、权属和界址调查，然后进行权界和权属面积的测定，并及时调整权界、丘号和界址点号、幢号和户号等有关的房地产编码，最后进行房产产权产籍资料的处理和归档。

变更测量应在原图或二底图上进行，并根据原有的邻近平面控制点、界址点或明显的固定地物点设站进行，除解析地物点以外，所有修测过的地物点不得作为再修测的依据。

房产变更测量一般按以下程序实施：

①变更信息采集→②信息分类→③变更要素调整→④变更要素测定→⑤房地产编号调整→⑥房产资料处理。

上述①②是变更测量前的准备工作；③④是变更测量的外业工作；⑤⑥是变更测量的内业工作。

(二)变更测量前的准备工作

房产测量前的准备工作主要包括通过各种渠道进行变更资料的收集和对将要变更的资料进行初步分析、整理、归类、列表，以及调阅房产登记资料和房产图件资料，备现场调查之用。如：城建规划部门、市政公用部门、房地产开发企业、交易市场、政府房地产管理部门、拆迁管理单位等。

三、房产变更测量的要求

(一)变更测量的精度要求

变更测量精度包括房产图图上精度和解析精度，图上精度指的是分幅图图上精度；解析精度指的是新增界址点的点位精度以及面积计算精度。

1. 图上精度

国家标准《房产测量规范》对房产分幅平面图的精度已做了规定：模拟方法测绘的房产分幅平面图上的地物点，相对于邻近控制点的点位中误差不超过图上±0.5mm。

现状变更测量后，修补测的分幅图与变更前的分幅图图上精度要求达到一致。

2. 解析精度

国家标准《房产测量规定》对全野外数据采集或野外解析测量等方法所测的房产要素点和地物点，相对于邻近控制点点位中误差不超过±0.05m。

权属变更测量后，新测定的变更要素点的点位中误差不得大于±0.05m。新测定的界址点精度应保证相应等级界址点的同等精度。房产变更测量后，房产面积的计算精度，应完全符合相应等级房产面积的精度要求。

用地变更测量后，用地面积如按界址点坐标计算面积，其面积限差不超过下式计算结果：

$$S = 2m_j \times \sqrt{\frac{1}{8} \times \sum_{i=1}^{n} D_{i-1,i+1}^2} \tag{8-1}$$

式中 S——面积限差，m^2；

m_j——相应等级界址点规定的点位中误差，m；

$D_{i-1,i+1}$——界址点连线所组成的多边形中对角线长度，m。

（二）变更测量的业务要求

房产变更测量服务于房产产权管理，因此《房产测量规范》提出了在进行变更测量工作的同时，应执行有关的房地产政策和行政法规。

1. 基本要求

房产权属变更测量应做到变更有合法依据，如变更登记申请书、产权证明文件，变更处理案件等，对已登记发证确认的房屋及其用地权利界线和产权面积，权证附图是不能任意更改和重绘的。

2. 房屋合并或分析

合并应以登记确权，是指位置毗连，权类、权利人相同的房屋；分析应已进行过初始登记，法令并无禁止才进行分析，且分析处有明显界标物，这是变更测量的前提。

3. 房屋所有权转移

房屋所有权发生转移，其房屋占地范围也要随之转移。

4. 他项权利

在所有权上设立的他项权利，必须是首先进行过房产登记的房屋。他项权利范围变更，应根据抵押、典当合同、注销原则范围，划定新权利范围。

第二节 房产变更调查

房产变更调查是指在产权初始登记后发生房屋买卖、交换、继承、分析（割）、赠与、兼并、入股等房产交易活动引起的所有权和使用权的转移或变更；房屋用地界线、界址的变化，包括房屋因合并、分析（割）、自然坍塌以及截弯取直引发房屋占地范围的调整等情况而进行的调查工作。

一、变更要素调查的内容

根据变更类别，分项进行现状变更调查和权属变更调查。

（1）现状变更调查：即对房屋及其用地的自然状况变化的调查，自然状况是指房产的位置（地名、门牌号）、建筑结构类别、层数、建成年份、房屋用途及其用地分类等情况变化的调查。利用调查表，对照房产图进行调查与核实。

(2)权属变更调查:即对房产登记权利的调查,包括权利种类、权利人、他项权利人、权利范围、四至界标、墙体归属、权源等的调查与核实。

(3)界址变更调查:即对权属界线的认定、确定和标定。分为认界、确界和标界三个阶段。认界时,不论任何方式的指界,必须得到相邻产权人的认可并签章或具结,有时还需设立四至界标,或对"四面墙界表"进行签认;确界时,坚持房屋所有权与土地使用权权利主体一致的原则;标界时,要严格执行《房产测量规范》的规定。

二、变更要素调查的方法

1.准备调查底图

可利用原有大比例尺地形图、房产图,或用地单位测制、标绘的用地界线图作为变更调查的底图。

2.实地指界

由房地产测量人员会同变更前后边界双方指界人到实地指认权属界线。

3.标界

对有明显地物标志的权属界,应在实地指明界址线的位置;对无明显地物标志的权属界,应视需要在界址点位置埋设标桩。

4.签订协议

双方无争议时,应按统一规格填写权属界线协议书,并由双方签字盖章。

5.标图

将界址调查结果全部标绘在调查底图上。

6.填写变更权属调查表

权属调查结束后应提交的成果有权属变更调查底图、权属协议书和房屋调查表。

第三节 房产变更测量

房产变更测量可根据房产变化范围的大小和房产图上平面控制点的分布情况,采用不同的测量方法。

一、现状变更测量

(1)现状变更范围较小时,可根据图上原有房屋或设置的测线,采用钢卷尺定点测量法(限于模拟图)修测,具体应用支距法、距离交会法、延长线法、方向线法等进行。

(2)现状变更范围较大时(新扩大的建成区),应先进行平面控制测量,补测图根控制点,然后进行房产图的测绘。

(3)采用解析法测量或全野外数字采集系统时,应在实地布设好足够的平面控制点,设站逐点进行现场的数据采集。

二、权属变更测量

房产的合并或分割,是权属变更的主要内容,也是确定新权属界即丘界和面积的复测工作(或称复丈),应根据变更登记文件,由当事人或关系人到现场指界,经复核丈量后确定。复丈时,根据需要和实际条件,可采用图解法或解析法。

1. 图解法

(1)勘丈资料准备。调用已登记在册的房产资料,包括房屋及用地调查表、登记申请书、房产图等。

(2)根据变更登记申请书、房产位置图、权利的证明文件,确定日期,通知申请人或代理人到现场指界,设立界标,实施分户测绘。

(3)勘丈时应以现有的平面控制点、界址点或房产图上的界标物(房角点)为依据。

现有的平面控制点、界址点、房角点都可以作为变更测量的基准点。利用前,应检查其点位的可靠性。同站检测之差(较差)不超过图上±0.2mm,即对于1∶500比例图,相当于10cm;异站或自由设站检测之差(较差)不超过图上±0.4mm,即相当于20cm。当用测定点之间的距离与由坐标反算的距离进行检核时,其距离较差应不超过2倍相应等级平面控制点点位中误差。

采用图解法进行权属变更测量,常用于房屋分析,应将分界的实量数据注记于草图上,并按实量数据计算面积后,再定出分界点在图上的位置。也适用于多产权商品房屋分户分割。

(4)同幢房屋分割时,复丈人员应将分界实量数据注记在复丈图上,并按其实量边长计算出面积后再定出分割点在图上的位置。

(5)修正分幅图、分丘图。

2. 解析法

(1)调用原房产登记资料,包括房屋及用地调查表,登记申请书、房产图、界址点坐标成果表等。

(2)根据变更登记申请书、房产位置图、权利证明文件、通知申请人或代理人到现场指界,设立界标。

(3)复丈应以控制点或界址点作为依据,以测得点间距离与由坐标反算之距离进行检核,其距离较差不应超过2倍控制点或界址点点位中误差。

(4)复丈可采用极坐标法、导线法、支距法、交会法、三线法、截线法等方法。

(5)按等级界址点的精度要求测定出新增界址点的坐标,并计算出分割后各自的面积。

(6)用地合并面积,以合并后外围界址点坐标计算的面积为准。

采用解析法进行权属变更测量,常用于房屋用地分割或合并。用地分割,应将新增界址点的坐标数据、点号注记于草图上,按坐标展出分割点的图上位置;用地合并,取消毗连界址点,用界址点坐标计算分丘用地面积。

第四节　变更测量后房地产资料的处理

房地产资料主要由房地产平面图、房地产产权登记档案和房地产卡片三部分组成。此外,为了房地产经营管理和分类统计的需要,编造了各种账册、报表,简称为图、档、卡、册，为了相互检索或调用方便，一般使用丘(地)号。保持房地产现状与房地产资料的一致，必须对房地产动态变更及时进行收集、整理，修正图、卡、册，补充或异动档案资料，这样的房地产资料才会有使用价值。

变更后房地产资料的处理，是房地产产权产籍管理的一项连续性的工作。它包括房地产已有资料的处理和未登记、未结案房地产资料的处理，在处理之前，预先对有关的变动的房地产编号进行调整。

一、房地产编号调整

丘号、丘支号、幢号、界址点号、房角点号、房产权号、房屋共有权号都是房地产产籍管理常用的管理号，不能重号。变更测量后，相关的房地产编号须及时调整。其中房产权号、房屋共有权号除了整幢房屋拆除须注销其权号外，一般不予调整。

(一)丘号、丘支号

不分独立丘或组合丘，其用地合并或重划，须重新编丘号。新编的丘号要按编号区内最大丘号续编；新增的丘支号要按丘内最大丘支号续编。

(二)界址点点号、房角点点号

相邻丘的合并，四周外围界址点点号维持原编号的点号；同丘分割，新增的界址点点号按编号区内最大界址点点号续编。按需要测定的房角点，其新增的房角点点号按续编号区内最大房角点点号续编。

(三)幢号

毗连房屋合并或同幢房屋的分析(设立房屋共有权的商品房除外)，重新编幢号，新增的幢号按丘内最大的幢号续编；房屋部分拆除，原幢号保留，整幢房屋灭失，幢号注销；丘内新建房屋，按丘内最大幢号续编。

二、变更后的房产产权产籍资料的处理

房产产权产籍资料主要由房产图、房产档案和房产卡片三部分组成，还有各种账簿和表册，简称为图、档、卡、册。

为保持房产现状与产籍资料的一致性，必须对房产动态变更内容进行及时的收集、整理，修正图、卡、册，并补充档案资料。

房产变更测量和变更后的房产资料的处理，是房产管理中的一项经常性的工作。变更后房产资料的处理包括两个方面：一是对变更后的登记资料处理；二是对未登记、未结案的资料处理。现分别介绍如下。

(一)变更后已有的登记资料处理

1. 图的处理

(1)房屋和用地的合并或分割是权属变更，通过变更测量后的数据和权界认定，经审查确权后标注在分丘图上，重新调整房产编号，再相应修正分幅图，重新绘制分户图。

(2)房产图形位置等现状变更时，首先修补测分幅图原图或二底图，然后由外业人员作出现状变更测量记录，并通知内业人员修正分丘图。

(3)与房产有关的地形要素的变化，只须修正分幅图，作出变更测量记录。

(4)对已建立数字房产图的单位，可根据现在的硬件与软件配置，根据变更后的房产数据进行图形编辑、注记、修改分幅图；分丘图则可根据需要由分幅图派生。

2．卡的处理

(1)权属变更和现状变更时，要根据权属变更测量记录修正卡片或重新制卡和销卡。

(2)图形位置和与房产有关的地形要素的变化，不必修正卡片。

(3)修正卡片时，涉及到房产资料统计分类面积的变动，要作出改卡记录，作为面积增减变化的原始凭证。

(4)房屋产权人和使用户的改变，除更改房产卡片外，还要更改已建的人名索引卡。

(5)地名、门牌号的变动，除更改房产卡片外，还要更改已建的地名索引卡。

3．档的处理

(1)要根据权属变更案和现状变更测量记录，对已建档的资料进行异动变更和补充。

(2)变更的图件和文件证明材料，以及变更测量记录按丘归档。

(3)丘界线的调整，房产编号调整记录与原丘图形和面积增减变化等资料一并归入相应档卷内。

(4)对已建立微机管理系统的单位，对存储于磁盘或光盘内的档案资料进行异动处理。

4．册的处理

根据房产登记、发证成果和分类管理的需要编制的簿册有登记收件簿、发证记录簿、房屋总册、房产登记簿册、档案清册、房产交易清册等。此外还有，产业管理上需要的经营公房手册、异动名账、异动单和统计报表等。

上述各种簿册也要随着房产变更作出相应的动态变更。变更依据是，对权属变更要根据相对性变更案和有关凭证；现状变更要根据变更单或异动单。

(二)未登记、未结案的资料处理

1．未登记包括项

(1)不能如期申请登记；

(2)因产权纠纷不能申请登记；

(3)产权证件、证明不全不好登记；

(4)房屋即将拆迁不愿登记；

(5)无产房屋无人登记。

2．未结案包括项

(1)发证前有他人对已登记房产提出异议，暂缓确认；

(2)过去未办过登记，需补办登记后再确权；

(3)房屋私改遗留下来的疑难问题，不好处理。

3．未登记、未结案的资料处理

(1)未登记、未结案的房产初步调查资料，包括房产调查和登记表、房屋外框图形、权界示意图和面积计算表等，为了房产资料统计和今后确权的需要应进行收集、整理、列表造册和绘图。

(2)未登记、未结案的房产也要进行测量，如发生房产现状变更，可以更改分幅图，作出变更记录。

(3)未登记、未结案的房地产,随着时间的推移,后来补登记或须结案时,必须进行复查。发证后对未登记、未结案清册和现状图及时进行销号或注记,及时归入登记档卷内。

(4)未登记、未结案的房产应分开制卡,分别进行统计、校核后也要按丘号为单位建档,按权利人为单位立卷,作为产权登记或监理部门日常处理产权和监证的重要资料。

(三)变更测量示例

变更测量后,原丘号、丘支号、幢号、新增界址点点号的调整和面积计算举例如下:

例一:房产分析

分析前:(见图 8-1)

丘支号:1240—1

幢号:(2)

房屋产权面积:(已知)$S=100.50\text{m}^2$

分析后:(见图 8-2)

丘支号:1240—2、1240—3

幢号:(8)(9)

实算面积:32.98m^2、68.12m^2

面积闭合差:$(32.98+68.12)-100.50=0.60\text{m}^2<1.40\text{m}^2$

房产面积限差:(三级)$0.08\sqrt{S}+0.006S=1.40\text{m}^2$

改正后的面积:$32.98\times(1+(-0.60/101.10))=32.78\text{m}^2$

$68.12\times(1+(-0.60/101.10))=67.72\text{m}^2$

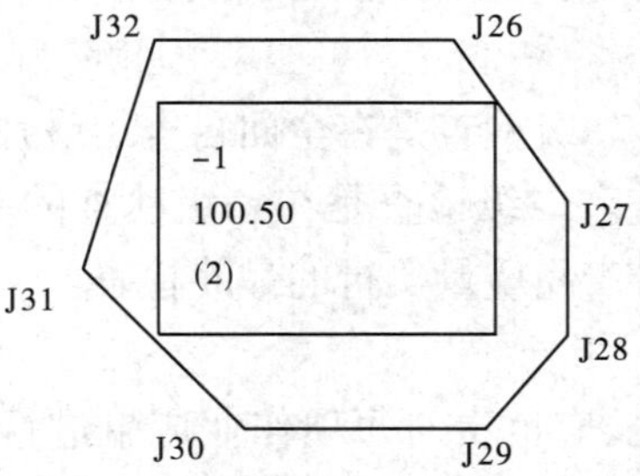

图 8-1　分析前图

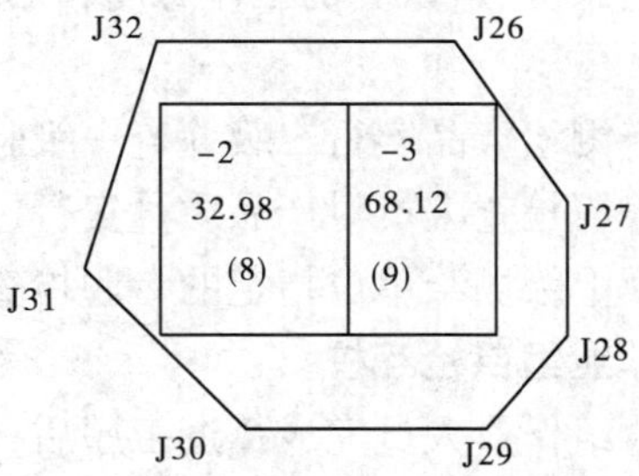

图 8-2　分析后图

思考题

1. 什么是房产变更测量?

2. 房产变更测量分为哪几类?他们之间的关系是什么?

3. 房产变更测量的内容包括哪些方面?

4. 房产变更测量的方法和要求各是什么?

5. 房地产变更后其丘号、丘支号、界地点号、房角点号、幢号应如何进行调整?

第九章 房产测绘成果资料管理

第一节 房产测绘成果资料的检查、验收、上交

房地产测绘成果检查验收是为了保证测绘成果的质量，提高测绘人员的高度责任感，强化各生产环节技术管理和质量管理，建立健全房地产测绘产品生产过程中各项技术规定并严格执行各项技术规范，确保房地产测绘成果的法律效力和维护产权人的合法权益，规范房地产市场。

各级检查验收工作都必须严肃认真，根据实际情况按照房地产测量规范要求建立成果质量检查验收体系，将检查验收工作渗透到每个生产环节，把错误和遗漏消灭在生产过程中，按照房地产测量规范要求制定各生产环节的检查验收标准，使检查验收和生产人员都做到有章可依，按章执行，违章必究。测绘成果不仅要正确可靠而且还要清楚整齐，体现测绘成果的可续性和严肃性。

一、建立健全检查验收制度

房地产测绘工作是十分细致而复杂的工作，为了保证成果的质量，测绘人员必须具有高度的责任感、严肃认真的工作态度和熟练的操作技术。同时，还必须有严格的质量检查制度。

房地产测绘产品实行二级检查一级验收制。一级检查是在全面自查、互检的基础上，由专职或兼职检查人员对产品质量实行过程检查。二级检查是在一级检查的基础上，由测绘单位或上级测绘单位指定的专职检查人员对产品质量实行的最终检查。

(一)作业组自检互校

当作业组作业人员完成每道工序后，作业组长应负责对每项作业成果进行全面的一丝不苟的检查。发现错误时，应及时纠正，万不可迁就照顾，在作业组长检查签名后，才能转入下道工序作业。在作业小组完成测区任务之后，上交成果之前，作业组内必须组织进行100%的内外业自检互校工作。作业组的工作，是保证成果质量的基础。直接作业人员是成果质量的直接责任者，任何时间出现的重大质量事故，必须由具体作业人员来承担。

(二)队级检查验收

队级检查验收是在小组自检互检，经成果成图整理上交后实施。队级验收组应由队长或工程师和3~5名有经验的技术人员组成。队级检查验收是对全队房产测量成果、成图的总把关。由于检查数量大，不能作100%的全面检查，但必须要抓住各个工序的关键环节，进行认真的检查。对原图野外检查不得少于30%，内业验收工作应100%的检查。不论室内检查或野外检查都要作详细记录，对存在的问题提出具体处理意见，对小组成

果、成图做出验收结论和评分并对小组互检的质量做出评价。凡问题较多或不合格的成果、成图,应坚决退回小组,待自行处理或返工合格后再做结论。队级检查验收人员要对被检查的全队成果、成图负责,并写出队级的检查验收报告。

(三)主管部门验收

上级主管部门(房地产管理局或测绘局)的验收是在队级(或承包单位)检查验收工作的基础上,对房产调查、测量成果成图进行抽查、鉴定和验收,抽查面不得少于10%,其余部分只作一般性检查。在验收工作中,如发现不符合规定的成果成图时,应根据其性质和对房产测量资料质量的影响程度,分别提出意见,交被验收单位进行改正或返工。当发现存在问题较多时,可将部分或全部资料退回被验收单位重新检查和处理,最后主管部门的验收组应对整个测区的测量成果给予恰如其分的质量评价。

各级检查验收都应以现行的《地籍调查技术规程》、《房产测量规范》和当地主管部门与测量单位共同拟定的《技术补充规定》为准则。任何人的口头要求或规定,都不能充作检查验收的依据。当检查人员与被检查人员在质量问题的处理上有分歧时,由队(所、科)总工程师裁决;当验收单位与被验收单位对产品质量的意见有分歧时,由仲裁机构裁定或者由当地人民法院判决。

房地产测绘产品验收中详查比例见表9-1。

表9-1 房地产测绘产品验收中详查比例

产品名称	单位	详查比例 占年总量(%)	产品名称	单位	详查比例 占年总量(%)
控制测量	点	10	建筑面积计算	项目	20
界址点测量	点	10	用地面积计算	项目	20
标石埋设实地检查	坐	3	变更测量	项目	20
编绘原图	幅	10	房地产测量	项目	20
分幅图	幅	5~10			
分丘图	幅	5~10			
分户图	幅	5~10			

二、检查验收的内容和方法

检查验收分室内检查和实地检查两步进行。

(一)室内检查的内容

1. 控制测量成果的检查

首先检查各种原始记录是否清晰、整齐;计算是否正确;各项观测误差是否超限;记录是否有违章的涂改现象;仪器检验项目是否齐全;精度是否符合规定。

计算部分主要检查控制网的布设方案是否合理,各项精度统计(如测角中误差、方位角闭合差、坐标闭合差、点位中误差相对精度)是否符合规范要求,施测方法、各类限差是否符合规定,所有计算资料是否齐全、正确,然后检查埋石点的数量和分布是否合理。

2. 房地产调查成果的检查

各种房产要素、房屋用地要素调查与填表项目内容是否齐全、正确；房屋权界线示意图上所标绘的房屋及其相关位置、权界线、四至墙体归属以及有关说明、符号是否正确和与房产图是否一致；房屋用地范围示意图上所表示的用地位置、四至关系、用地界线、共用院落界线、界标类别和归属，以及有关说明、符号、界址点编号和房地产图上是否一致。

3. 房地产图的检查

房地产图应检查图廓点、方格网、各级控制点、界址点的展绘有无遗漏，位置是否准确；房地产图各类要素的施测方法是否符合要求，各项误差是否在限差以内；各种要素的注记、说明注记和数字注记是否齐全、正确，位置是否恰当；与房地产有关的地形要素有无错漏、移位和变形，各要素的综合取舍和配赋是否恰当合理，图面是否清晰易读；图幅接边是否在限差内，权属界址线和主要线状地物有无明显变形移位，配赋是否合理；图廓及图廓外的整饰和注记是否正确齐全。

4. 面积测算的检查

应当检查房产面积的计算方法是否正确，精度是否符合要求；用地面积的测算是否正确，精度是否符合要求；共有与共用面积的测定和分摊计算是否合理。

(二)实地检查

实地现场检查可分为巡视检查和设站检查两种形式。

1. 巡视检查

要携带图纸和简单的测量工具，如钢尺、三角板等。通过看、了解、丈量，在现场进行对照检查。

主要检查境界和权属以及有争议的地界在图上的标绘，与实地是否相符；房产要素的注记，是否与实地一致；地形要素相互之间的关系，是否表示正确，有无错漏现象；地物点间的相对位置误差是否符合精度要求。

2. 设站检查

设站检查是在测站点上安置仪器，用测图时的方法检查界址点、房角点的测绘精度。

检查验收人员，在室内和实地检查中所发现的问题应作出详细记录。对不合规范、图式、技术设计书和有关技术规定的成果资料，应根据性质和重要程度，分别提出处理意见，退回改正或返工。当发现存在问题较多时，可将全部成果资料退回被验收单位，责令其重新检查和处理。

三、成果质量评定

房地产测绘产品质量实行优等品、良等品和合格品三级评定制。产品质量由生产单位评定，验收单位负责核定。各级标准下面分别介绍。

(一)合格品标准

符合《房产测量规范》标准、技术设计和技术规定的要求，但不满足良等品的全部条件；有个别缺点，但不影响产品基本质量；技术资料齐全、完整。

(二)良等品标准

房地产调查资料正确、齐全，填写项目规范、统一、字迹清晰；各级控制点、界址点、房角点及面积量算等各项误差，有50%以上小于各自限差的1/2。野外散点检查，符合表9-2要求。

表9-2　野外散点检查各品级较差出现的规定限差区间

限差区间	各品级较差出现的比例(%)		
	合格	良	优
小于或等于$\sqrt{2}m$	60	70	80
大于$\sqrt{2}m$小于或等于$2\sqrt{2}m$	30	26	18
大于$2m$(其中大于$2\sqrt{2}m$的不超过2%)	6	4	2

注：m为技术标准规定的平面中误差。

(三)优等品

房地产调查资料正确、齐全、整洁；整饰清晰美观；各级控制点、界址点、房角点及面积量算等各项误差，有70%以上不超过规定限差的1/2。

房地产测量先以单项测量为单位进行质量评定，分别评出控制测量、房地产调查、房地产图、界址点坐标量测和面积量算的单项质量，并将各单项质量的优、良、合格分别记为95分、80分、65分，然后取加权平均值，求出综合质量总分。

四、上交成果资料内容

上交或移交的成果资料，应填写“上交成果资料表”。应上交的房产测量成果及图件资料包括：

(1)房产测绘技术设计书；

(2)成果资料索引及说明；

(3)房产控制测量成果资料；

(4)房屋及房屋用地调查表、界址点坐标成果表；

(5)图形数据成果和房产原图；

(6)技术总结；

(7)检查验收报告；

(一)房产测绘技术设计书

技术设计书应由专业测绘单位的主管工程师，依据国家法定的房产测量规范、测区房产管理部门的特殊要求、现有资料和测量单位本身的技术装备等情况而撰写的指导性文件，是拟定技术补充规定、制定实施计划的依据，它的主要内容有：

(1)测区范围、作业时间、作业依据、采用的坐标系和成图比例尺；

(2)房地产调查的时间和实施原则办法；

(3)测区已知数据的来源及分析；

(4)控制测量和界址点、房角点测量的实施方案和精度要求；

(5)房产原图的成图方法和特殊要求；

(6)提供测绘成果、成图的内容和时间；

(7)主管部门检查验收的时间；

(8)其他需要特别说明的问题。

(二)房产控制测量成果资料

(1)成果索引目录；

(2)已知点成果表；

(3)测区首级控制布网选点略图；

(4)首级控制坐标计算及成果表；

(5)房产图根控制网选点略图；

(6)图根点坐标计算及成果表。

(三)房屋及房屋用地调查表、界址点坐标成果表

房屋及房屋用地调查表是记录房产要素的重要文件，是房产测量、房产图整饰和成果整理的重要依据。它有统一的调查表格，应逐项如实填写，按顺序装订。界址点坐标成果表按照《地籍测量规范》中给出的表格格式，填写出所有界址点的坐标。

(四)图形数据成果和房产原图

按技术设计书的要求，提供电子图形数据成果及房产原图。

(五)检查验收报告

1. 检查报告的主要内容

(1)任务概括；

(2)检查工作概括；

(3)检查的技术依据；

(4)主要质量问题及处理情况；

(5)对遗留问题的处理意见；

(6)质量统计和评价等。

2. 验收报告的主要内容

(1)验收工作情况；

(2)验收中发现的主要问题及处理意见；

(3)质量统计(含与生产单位检查报告中质量统计数的变化及其原因)；

(4)验收结论：通过产品质量中成绩、缺点问题的分析，对产品质量作出客观的评价；

(5)其他意见和建议等。

第二节　房产测绘技术报告编写

房产测绘项目结束后，应及时地编写房产测绘技术报告书。本节就技术报告的编写内容与注意细节做简要的叙述。

房产测绘技术报告书包括封面、作业声明、作业说明、作业成果、附件。

一、封面

(1)编号：由各测绘单位自行确定。主要用于反映该成果报告书在该单位档案管理中的类别和次序。此编号应能同时反映出该成果报告书进行修定的次数。

(2)日期按照出具报告的日期填写。

二、作业声明

作业声明主要阐述项目委托单位与测绘技术人员及测绘目标之间法律责任义务关系,并对完成该成果报告的作业人员、检查人员进行说明。

各项人员签字及日期据实签署(严禁打印)。其中,作业人员和检查人员有多位时,只填写主要人员。

三、作业说明

作业说明主要用来对项目委托方、测绘目标、测绘依据进行描述。并对测绘工作中和测绘成果中有关需要说明的内容进行表述。

委托方情况应据实填写清楚、充分,应当保证对应相关内容能够落实相关问题。

项目名称据实填写,实测项目以地名办批件为准,预测项目以测算依据(电子图或蓝图)标称为准。

预算项目坐落有则据实填写,未确定则写“待定”。实测项目的坐落以公安部门的批件为准。

项目类别应按照①住宅用房;②商业楼用房;③多功能综合楼用房三类来填写。

作业目的分为商品房面积图纸预测、产权登记测绘(其他作业目的的测绘成果报告应另作说明)。

图纸预测项目作业日期以开始作业为开始,实测项目以进入现场作业为开始,图纸预测项目和产权登记测绘项目以作业结束出具成果报告为结束。

作业依据中的其他依据是指在双方合同中没有约定而在实际过程中使用的依据。对于在双方合同中有约定但在实际工作中未能取得相关资料的,应在第九项“其他说明”项中填写未能取得资料原因和实际处理的结果。

其他说明项中,首先分类列出成果数据资料和图形资料的页数;其次,对本技术报告中一些技术概念进行说明;然后填写其他的相关说明。

四、作业成果

(一)房屋建筑面积总表

该表要据实填写,无则空省。其中,对于表格中无法用数字表述的栏目(如在有共同地下室及群房不同楼座的情况下填写层数时),应在备注栏中用文字说明清楚。

(二)房屋建筑面积分层汇总表

据实填写,依据房屋的不同结构采用不同的列表样本。房屋大产权证测量和平房测量的成果报告将房屋建筑面积分层汇总表填写完毕即可。

该表的“层次”栏应从地下层至屋面按自然层顺序逐层用数字(地下层在数字前加“-”号。如-01,-02等)表示(结构上的设备用房层等用汉字说明,不计入层次序列);各层建筑面积值为按房屋外墙外围水平投影面积计算的,包括阳台、外走廊、挑廊、檐廊、室外梯等的建筑面积。对于层高不大于2.20m的结构楼层,也应填写其名称,建筑面积值为0,并在备注栏中注明不计建筑面积原因。屋顶的建筑面积值为屋顶应计算建筑面积的数值总计,并在备注栏中注明其名称,如楼电梯间、水箱间等。

(三)共有共用建筑面积分层汇总表

单一用途建筑或以住宅为主体,最多只包括两个功能区建筑:应根据样本1详细列出各个共有共用面积的名称,并注明各个部位面积。

含有两个功能区以上建筑:应根据样本2,首先在各功能区共有共用建筑面积表中,列出多个功能区混同分摊的部位及其面积(包括本座及从外部分摊到本座的各功能区应分摊的共有共用建筑面积)。但对于可以分间测量的公共建筑部位,应分开填注;其次,再将各个功能区分别列表,按照单一功能区应填写的共有共用建筑面积分层汇总表填写。

(四)房屋建筑面积分户计算明细表

按照现有规定,据实填写。

(五)房屋建筑面积分层平面示意图

按层打印,分层注明,完全相同的层次可只打印一页,但要注清层数。同时应注明:该层总建筑面积、该层总套内建筑面积、各局部部位名称(或房号)、阳台建筑面积和各户或套内建筑面积(不含阳台)。注记满足计算总建筑面积的边长。可自行选择是否注记套内面积边长及相关墙厚。

五、附件

附件中,对于需分摊的项目,应将分摊原则附于其上,地籍调查表和分摊彩图作为测绘依据保留。对于房产大产权证测量和平房测量,应附地籍调查表或四至表。作为附件的文件,应同成果报告一起加盖骑缝章。

思考题

1. 房产测绘的检查、验收制度是什么?
2. 房产测绘的检查、验收的内容和方法是什么?
3. 房产测绘的产品成果质量分为几个等级?
4. 房产测绘验收合格后应上交的成果有哪些?
5. 房产测绘技术设计书包括哪几部分?
6. 房产测绘技术报告书包括哪几部分?

附录一:房屋附属结构名称

(1)房屋自然层——指按房屋楼(地)板结构分层的楼层。

(2)标准层——建筑物内主要使用功能与平面布置相同的各楼层。

(3)设备层——建筑物中专为设置暖通、空调、给排水、配变电等设备和管道且供人员进入操作用的楼层。

(4)架空房屋——一般为底层架空,以柱子作为承重支撑物的房屋。架空部位一般为通道、水域或斜坡,也有在房屋中间层架空的。

(5)假层——一种非正式的位于自然层上的楼层。在建造房屋时,同时建造的同一结构、比较低矮的楼层,其前后沿口高度较低,人不能直立;在一般情况下,层内高度在1.70m以上的部分建筑面积不足底层的1/2。

(6)夹层——位于两自然层之间的楼层,指房屋内部空间的局部层次,如一幢房屋从外部看是两层楼房,从内部看局部是三层,这三层中间的一层就叫夹层。

(7)技术层——用做水、电、暖、卫生等设备安装的局部层次。经规划部门批准,且建在自然层之间的技术层,其层高2.20m以上的计算层数。

(8)结构转换层——建筑物某楼层的上部与下部因平面使用功能不同,该楼层上部与下部采用不同结构类型,并通过该楼层进行结构转换,则该楼层称为结构转换层。

(9)跃层式住宅——一套住宅占两个楼层,由户内楼梯联系上下层,上下两层完全分隔,跃层式住宅为完整的两层。占有若干层自然层层面的跃层建筑,以实际占有层数计算。

(10)阁楼——利用房屋内的上部空间加建的楼层,通常比较低矮,阴暗,又称暗楼。

(11)地下室——房间地面低于室外地平面的高度超过该房间净高的1/2的建筑物称为地下室,

(12)半地下室——房间地面低于室外地平面的高度超过该房间净高的1/3且不超过1/2者,采光窗在地坪以上的建筑物称为半地下室。半地下室计入地上层数。

依坡地建造的房屋,在该幢房屋的室外地坪最高处和最低处之间的楼层计入半地下室。

(13)地上层数——即房屋的自然层数,指室内地坪±0.00以上的按楼板结构分层的层高在2.20m以上的楼层数。地上层数用自然数表示。

(14)地下层数——采光窗在室外地坪以下的,其室内层高在2.20m以上的地下室的层数。地下的层数用负数表示。

(15)房屋总层数——房屋的地上层数与地下层数之和。假层、夹层、阁楼、装饰性塔楼以及突出屋面的楼梯间、水箱间不计层数。

(16)层高——通常指下层地板面或楼板面到上层楼板面之间的垂直高度,但上下楼层的层面应一致。

(17)净高——指建筑物楼(地)面至楼板结构底面之间的垂直距离。

(18)柱廊——有顶盖和支柱,供人通行的建筑物,称为有柱走廊,简称柱廊。

(19)骑楼——底层为有柱廊房,廊道上方建为楼房的一部分。一般建于道、路、街、巷两侧。

(20)挑廊——二层以上挑出房屋墙体外,有围护结构,无支柱有顶盖的外走廊。

(21)门廊、门斗——建筑物门前有顶盖,有支柱或围护结构的进出通道。门廊、门斗必须具备与房屋相连通,有永久性的、结构牢固的顶盖,支撑顶盖的是柱称为门廊,支撑顶盖的是实体墙称为门斗。

(22)檐廊——房屋檐下方两端有支撑墙体无柱的通道。

(23)天棚——即天篷,指商场或办公楼内有透明顶篷覆盖的屋面。

(24)晒台——又称露台,指供人室外活动的上人屋面或底层地面伸出室外的有维护无顶盖的台面。

(25)阳台——有永久性上盖、有围护结构、有台面,与房屋相连,可以供人活动或利用的房屋附属设施,根据其围护情况分为封闭阳台和非封闭阳台。

(26)封闭阳台——在围护栏墙上部用铝合金玻璃窗等围闭的阳台。

(27)楼梯——房屋层之间供垂直交通用的通道。

(28)室外楼梯——依靠房屋外墙体搭建的永久性楼梯。

(29)屋顶水箱间——突出房屋屋面水箱或水池周围有围护结构、有顶盖的房屋。

(30)屋顶楼梯间——指突出房屋屋面有顶盖,四周有围护结构,层高在 2.20m 以上,供上屋顶顶层维修或安全出口用的梯间。

(31)屋顶电梯间——突出房屋顶层供停放、检修、升降电梯用房。

(32)设备间——一幢大楼内放置各种应用设备以及进行综合布线交接的房屋。原则上以设计图纸所标定的用途认定,但设备间都应有具体明确的用途。

(33)功能区——根据各共有建筑部位的用途而划分的服务范围称为功能区。上一级功能区下可再分为几个下一级功能区,各功能区之间可能相互包含、交叉、并列。

(34)连廊——连接两幢房屋的走廊。

(35)连楼——连接两幢房屋的楼房。

(36)过街楼——底层局部为通道的楼房(或两座上层贯通、底层局部为通道的相连楼房)。

(37)架空通廊——以两端房屋为支撑,有围护结构、有顶盖无支柱的架空通道。

(38)柱——指结构柱,指为满足建筑物构造要求或结构需要而设置的柱,在具有该柱支撑的建筑构件存在的情况下,去掉该柱,则会危及该建筑物性能的使用或结构的安全。装饰柱、非承重柱以及柱的装饰性部分应除外,其认定以设计及规划批准的图纸为准。

(39)围护结构——将空间竖向分割成相对独立、不易通行的两个或多个部分的实体,如墙、栏杆等。

(40)裙楼、塔楼——高层建筑中,低楼层部分的建筑结构至高楼层部分发生转换,且结构转换的相邻楼层水平投影面积的差值超过低楼层部分水平投影面积的 1/3 时,低楼层部分为裙楼,高楼层部分为塔楼。

(41)回廊——在建筑物门厅、大厅内设置在二层或二层以上的回形走廊。

(42)凸窗——为房间采光和美化造型而设置的窗台高度达到或超过 0.40m 的凸出外墙的窗。

(43)落地窗——窗框与地板直接相连的窗或凸出外墙但窗台高度小于 0.40m 的窗,前者为平台式落地窗,后者为反凸式落地窗。

附录二:房屋面积测绘技术报告

编号:____________________

房产测绘成果报告书

(示范文本)

____________________(测绘单位名称)

年　　月　　日

目　录

作业声明

一、本成果报告书中的成果是依据国家和省市有关规范及委托方与受托方合同约定完成。

二、竣工实(预)测项目作业人员______________________对作业对象进行了实地勘测,并由______________________计算完成。

三、受托方与委托方没有利害关系或偏见,也与有关当事人没有利害关系或偏见。

四、受托方不对委托方提供的资料的准确性与合法性负责。

五、本成果报告书的成果仅作为该项目委托方与受托方合同约定目的下使用,不作为其他用途使用。

六、本成果报告经委托方______________________认可。

项目负责人(签字):　　　　　　　　　　年　　月　　日

复核人(签字):　　　　　　　　　　年　　月　　日

(单位资质签章)

作业说明

一、本成果报告书使用的长度单位为 m,面积单位为 m^2。

二、委托方情况:

1. 委托方名称:
2. 委托方地址:
3. 委托方经办人:
4. 委托方电话:

三、项目概况:

1. 项目名称:
2. 项目坐落:
3. 项目类别:

四、作业目的:

五、作业日期:

六、测绘仪器:

七、绘图及面积计算软件:

八、作业依据:

1. 国家和省市各项技术规范等文件。
2. 委托方依照双方合同约定向受托方提供的各项资料。
3. 其他依据(请文字说明):

九、其他说明:

项目负责人:

年　　月　　日

作业成果

一、房屋建筑面积总表

表 1

<table>
<tr><td>建筑物名称</td><td colspan="3"></td></tr>
<tr><td>坐落</td><td colspan="3"></td></tr>
<tr><td rowspan="6">面积统计</td><td colspan="2">建筑总面积
（含人防）</td><td></td></tr>
<tr><td rowspan="3">其中</td><td>地上主体面积</td><td></td></tr>
<tr><td>地下室面积</td><td></td></tr>
<tr><td>人防面积</td><td></td></tr>
<tr><td rowspan="2">附属物面积
（指层高不足 2.2m
的部位）</td><td>地下室</td><td></td></tr>
<tr><td>其他</td><td></td></tr>
<tr><td rowspan="2">层数统计</td><td colspan="2">地上层数</td><td></td></tr>
<tr><td colspan="2">地下室层数</td><td></td></tr>
<tr><td colspan="4">备注：</td></tr>
</table>

二、分功能区面积汇总表

建筑物名称：　　　　　　　　　　　　　　　　　　　　　　　　　表2

功能区号	功能区名称	建筑面积	套内建筑面积	分摊面积	分摊系数

三、房屋建筑面积分层汇总表(样本1)

建筑物名称：　　　　　　　　　　　　　　　　　　表3

层次	建筑面积	备注
汇　总		

房屋建筑面积分层汇总表(样本2)

建筑物名称:　　　　　　　　　　　　　　　　　　　　　　表3

层次	建筑面积				备注
……					
	A幢	B幢	C幢	……	
汇总					

四、共有共用建筑面积分层汇总表

建筑物名称：　　　　　　　　　　　　　　　　　　　　　表 4

层次	共有共用面积名称（按名称列出）	面积		分摊范围	备注
		应分摊	不分摊		
汇总					

五、房屋分户建筑面积明细表

建筑物名称：　　　　　　　　　　　　　　　　　　　　　　　表 5

部位及房号	建筑面积	其中			备注
		套内建筑面积（含阳台）	阳台建筑面积	分摊的共有共用建筑面积	
小计					
合计					

六、房屋分层分户平面图

附件:共有共用建筑面积分摊说明

填写说明

一、封面

1. 编号:由测绘单位自行确定。主要用于反映该成果报告书在单位档案管理中的类别和次序。此编号应能同时反映出该成果报告书修定的次数。

2. 日期按照出具报告的日期填写。

二、作业声明

本声明主要阐述项目委托单位与测绘机构之间法律责任义务关系,说明完成该成果报告的项目负责人和复核人员。

人员签字及日期据实签署(严禁打印)。其中,复核人员有多位时,只填写主要人员。

三、作业说明

作业说明主要用来对项目委托方、测绘目标、测绘依据进行描述。并对测绘工作中和测绘成果中有关需要说明的内容进行表述。

委托方情况应据实填写清楚、充分。

项目名称据实填写,实测项目以地名办批件为准,预测项目以测算依据标称为准。

实测项目的坐落以公安部门的批件为准。

项目类别应按照①住宅用房;②商业楼用房;③多功能综合楼用房三类来填写。

作业目的分为商品房面积图纸预测、产权登记测绘(其他作业目的的测绘成果报告应另作说明)。

预测项目作业日期以开始作业为开始,实测项目以进入现场实际测量为开始,图纸预测项目和产权登记测绘项目以作业结束出具成果报告为结束。

作业依据中的其他依据是指在双方合同中没有约定而在实际过程中使用的依据。对于在双方合同中有约定但在实际工作中未能取得相关资料的,应在第九项“其他说明”项中填写未能取得资料原因和实际处理的结果。

其他说明项中,首先分类列出成果数据资料和图形资料的页数;其次,对本技术报告中一些技术概念进行说明;然后填写其他的相关说明。

四、作业成果

1. 房屋建筑面积总表

据实填写,无则空省。其中,对于表格中无法用数字表述的栏目,应在备注栏中用文字说明清楚。

2. 分功能区面积汇总表

据实填写。

3. 房屋建筑面积分层汇总表

据实填写,依据房屋的不同结构采用不同的列表样本。平房测量的成果报告将房屋建筑面积分层汇总表填写完毕即可。

该表的“层次”栏应从地下层至屋面按自然层顺序逐层用数字(地下层在数字前加“-”号。如-01,-02等)表示(结构上的设备用房层等用汉字说明,不计入层次序列);

各层建筑面积值为按房屋外墙外围水平投影面积计算的，包括阳台、外走廊、挑廊、檐廊、室外梯等的建筑面积。对于层高不大于 2.20m 的结构楼层，也应填写其名称，建筑面积值为 0，并在备注栏中注明不计建筑面积原因。屋顶的建筑面积值为屋顶应计算建筑面积的数值总计，并在备注栏中注明其名称，如楼电梯间、水箱间等。

4. 共有共用建筑面积分层汇总表

据实填写。

5. 房屋分户建筑面积明细表

按照现有规定，据实填写。

6. 房屋分层分户平面图

按层打印，分层注明，完全相同的层次可只打印一页，但要注清层数。同时应注明：该层总建筑面积、该层总套内建筑面积、各局部部位名称（或房号）和各户套内建筑面积。注记满足计算总建筑面积的边长。

五、附件

本附件中，对于需分摊的项目，应将分摊原则附于其上。

参考文献

[1] GB/T 17986.1—2000. 房产测量规范　第1单元:房产测量规定.

[2] GB/T 17986.2—2000. 房产测量规范　第2单元:房产图图式.

[3] 吕永江. 房产测量规范与房地产测绘技术. 北京:中国标准出版社,2001.

[4] 潘正风. 大比例尺数字测图. 北京:测绘出版社,1996.

[5] 廖元焰. 房地产测量. 北京:中国计量出版社,2003.

[6] 张建强. 房地产测量. 北京:测绘出版社,1994.

[7] GB/T 18314—2001. 全球定位系统(GPS)测量规范.

[8] 徐绍铨,张华海,等.GPS测量原理及应用. 武汉:武汉测绘科技大学出版社,1998.

[9] 谢经荣,吕萍,等. 房地产经济学. 北京:中国人民大学出版社,2002.

[10] 潘正风,等. 数字测图原理与方法. 武汉:武汉大学出版社,2004.